AF640749

ZEITSCHRIFT FÜR ANGEWANDTE GEOLOGIE

HERAUSGEGEBEN VOM
ZENTRALEN GEOLOGISCHEN INSTITUT
IM AUFTRAG DES
STAATSSEKRETARIATS FÜR GEOLOGIE

AUS DEM INHALT

AKADEMIE-VERLAG · BERLIN

BAND 16 / HEFT 3
MÄRZ 1970
SEITE 113–160

INHALT		СОДЕРЖАНИЕ	CONTENTS	

Redaktionsbeirat

Prof. Dipl.-Berging. K. BÜHRIG, Nordhausen — Prof. Dr. O. GEHL, Schwerin — Prof. Dr. R. HOHL, Halle (Saale) — Prof. Dr. E. KAUTZSCH, Berlin — Prof. Dr. R. LAUTERBACH, Leipzig — Dr. R. MEINHOLD, Freiberg (Sa.) — Dr. G. NOSSKE, Leipzig — Dr. H. REH, Jena — Prof. Dr. H. J. RÖSLER, Freiberg (Sa.) — Prof. Dr. A. WATZNAUER, Freiberg (Sa.) — Prof. Dr. R. WIENHOLZ, Gommern.

Die ZEITSCHRIFT FÜR ANGEWANDTE GEOLOGIE berichtet ständig über folgende Arbeitsgebiete: Geologische Grundlagenforschung und Lagerstättenforschung / Methodik der geologischen Erkundung / Ökonomie und Planung der geologischen Erkundung / Technik der geologischen Erkundung / Geologie und Lagerstättenkunde im Ausland. In der Zeitschrift können alle strittigen Fragen der praktischen Geologie behandelt werden. Die Autoren übernehmen für ihre Aufsätze die übliche Verantwortung.

ZEITSCHRIFT FÜR ANGEWANDTE GEOLOGIE

Träger der Ehrennadel in Gold der Gesellschaft für Deutsch-Sowjetische Freundschaft

KOLLEKTIVE CHEFREDAKTION

Dr. K. KAUTER (Redaktionssekretär)
Prof. Dr. F. STAMMBERGER
Dr. habil. G. TISCHENDORF

BAND 16 · MÄRZ 1970 · HEFT 3

Bemerkungen zur räumlichen Verteilung von Turmalin-Quarz-Knollen im Eibenstocker Granitmassiv

FRIEDRICH SCHUST, Berlin, ROLF STRIEGLER, Dresden, & MARLIS OEMLER, Berlin

1. Einleitung

In den Granittypen des Eibenstocker Massivs (Westerzgebirge—Vogtland) sind Turmalin-Quarz-Knollen (im folgenden kurz TQK) weit verbreitet. Verschiedene Beobachtungen führten zu der Annahme, daß die TQK der Eibenstocker Granittypen bestimmte räumliche Lagen zu bevorzugen scheinen. Mit diesen Ausführungen wird der Versuch unternommen, die räumlichen Positionen der TQK zu beschreiben und daraus Hinweise auf ihre Genese und Einordnung in das Entwicklungsschema der magmatischen bzw. metasomatischen Prozesse im zinnerzreichen Eibenstocker Massiv zu erhalten.

Dieses Massiv, d. h. der an 300 km² große sächsische Anteil des Plutons von Karlovy Vary, Nejdek und Eibenstock ohne die randlich liegenden kleineren Granitmassive (Abb. 1), ist bekannt durch seinen relativ großen Turmalingehalt, der in der älteren Literatur auch zur Kennzeichnung der Granite verwendet wurde. Es handelt sich um schwarzen eisenreichen Turmalin (Schörl). Turmalinführende Gesteine nehmen auch in einigen Teilen der sedimentären Exokontaktzone größere Flächen ein (Turmalinschiefer).

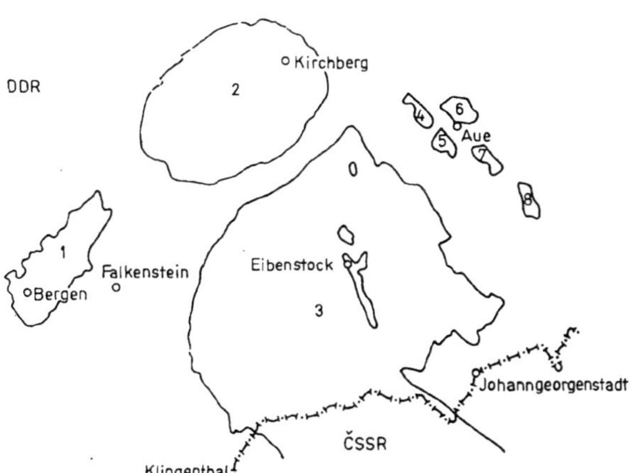

Abb. 1. Lage der Granitmassive im Westerzgebirge—Vogtland

1 — Bergen, 2 — Kirchberg, 3 — Eibenstock, 4 — Oberschlema, 5 — Auerhammer, 6 — Aue—Zelle, 7 — Lauter, 8 — Schwarzenberg

Eingang des Manuskripts in der Redaktion: 28. 11. 1969.

Innerhalb des Granitmassivs ist Turmalin in Turmalin-Quarz-Knollen (Turmalinsonnen) und in Pegmatiten (Trümer und Drusen) vorhanden. Ferner tritt er in Greisen (Turmalingreisen), Quarzgängen (Quarz-Wolframit-Trümern u. a.), als Füllsubstanz geringmächtiger Spalten (SCHRÖDER 1900, 1915; DIEROFF 1909; TEUSCHER 1936 a, b), und im Ergebnis niedrigthermaler Umwandlungen auf (KAEMMEL & SCHUST 1963). Nicht genau bekannt ist, in welchem Umfang Turmalin als primärmagmatisches Akzessorium vorhanden war oder ist. TISCHENDORF (1970) ermittelte regionale Bor-CLARKE-Werte für verschiedene Granitphasen und stellte fest, daß die vermutlich primären Borgehalte der Eibenstocker Granite etwas höher als die Borgehalte normaler Granite sind. Danach ist wahrscheinlich, daß Turmalin bereits während der Kristallisation des Magmas als Akzessorium gebildet wurde. TEUSCHER (1936b) und HERRMANN (1967) hielten Turmalin für keinen primären Übergemengteil; dieser sei (nach TEUSCHER) durch Borsäurezufuhr von jüngeren Nachschüben aus entstanden. TQK seien allgemein mit der Existenz von fein- bis kleinkörnigen Nachschubmassen verknüpft.

Die relativ reichliche Turmalinführung ist im Westerzgebirge—Vogtland nicht nur auf das Eibenstocker Massiv beschränkt, das sich im wesentlichen aus Graniten des unterpermischen Intrusivkomplexes zusammensetzt (Erzgebirgsgranite), sondern sie ist auch im unterpermischen und oberkarbonischen Anteil des Nejdeker Massivs (TEUSCHER 1936b) und im gleichfalls oberkarbonischen Bergener Massiv vorhanden (SCHRÖDER 1900, 1915; DIEROFF 1909). Auch hier ist — wie im Eibenstocker Massiv — der Hauptteil des Turmalins in TQK gebunden.

Im Gegensatz zu den allerdings bisher auch nicht sehr umfangreichen stofflich bezogenen Informationen über TQK im Westerzgebirge ist ihre strukturelle Position bisher kaum ausgewertet worden. Hinweise hierzu geben TEUSCHER (1936a, b) und SCHÜTZEL & HERRMANN (1964). Auch aus der internationalen Literatur konnten hinsichtlich der räumlichen Position von Turmalinanreicherungen in Graniten keine Anregungen gewonnen werden.

Die Bezeichnung der Granittypen erfolgt nach SCHUST (1965) (Typ Eibenstock = E; Typ Blauenthal = B; Typ Krinitzberg = K; Typ Walfischkopf = W; Typ Feinkörnige Granite = fk).

2. Beschreibung der Turmalin-Quarz-Knollen

Mit TQK werden mehr oder weniger rundliche Turmalin-Quarz-Aggregate bezeichnet, die im Innern häufig radialstrahlig oder strahlig gebaut sind. Sie treten in allen Granittypen des Eibenstocker Massivs auf. Die Größe der Knollen erreicht bis zu 0,5 m Durchmesser. Der Quarzanteil setzt sich aus zwei altersverschiedenen Generationen zusammen. Die ältere Quarzgeneration hat die Gestalt von Dihexaedern; die jüngere zeigt hexagonale Säulenform. Zwischen beiden steht altersmäßig der Turmalin. Um die TQK ist eine helle, biotitfreie Zone ausgebildet, die je nach Größe der Knollen zwischen 0,5 und 3 cm Breite schwankt. Sie besteht fast ausschließlich aus Feldspat und Quarz. Im feinkörnigen Granit sind Kugelgestalt und Zonarbau der TQK idealer entwickelt als in anderen Graniten.

Im Ergebnis der Anwendung der Lackfilmmethode von BEHR (1966) ergibt sich, daß das primäre Quarzgefüge des Granits bei der Entstehung der TQK kaum verändert wurde. Daraus kann man schließen, daß die Knollenbildung nach der Erstarrung des Granits erfolgte. Eine gleiche TQK-Entstehung nahm auch HERRMANN (1967) an. TEUSCHER (1936b) hielt es für möglich, daß die TQK in Gasvakuolen entstanden sind, die sich bei der Erstarrung des Granits gebildet hatten. Darauf würden die nicht sehr häufig zu beobachtenden drusigen TQK hinweisen. OELSNER (1952) nahm pneumatolytische Borzufuhr an, die sich in der Bildung von strahlenförmigen Turmalinaggregaten mit Quarz äußerte. Das pneumatolytische Bor sei auf Resorption toniger Sedimente zurückzuführen.

Die Körnigkeit der TQK richtet sich nach der Körnigkeit des Gesteins, in dem sie auftreten. Der Turmalin ist im feinkörnigen Granit dünnstrahlig, im grobkörnigen Granit grobstrahlig. Den Einfluß der Korngröße auf die mittlere Größe der TQK zeigt Tab. 1.

Tab. 1. Abhängigkeit der Größe der TQK von der Kornzahl der Granite (nach STRIEGLER 1968)

Kornzahl Körner/cm²	Durchmesser TQK cm	Gesteinstyp
40–105	5,6	Eibenstock
200–400	3,0	Blauenthal
> 625	2,9	feinkörniger Granit (Lochhäuser)
1600–2500	3,1	Walfischkopf

Die Kornzahlen sind HERRMANN (1967) entnommen.

3. Die Verteilung der Turmalin-Quarz-Knollen im Eibenstocker Massiv

Im Mittelpunkt der Untersuchungen stand die Analyse der Häufigkeitsverteilung — Anzahl der TQK pro m² Fläche — der TQK. Ihre Betrachtung erfolgte in verschiedenen Maßstäben. Erstens wurden Feststellungen über die Häufigkeit von Turmalinknollen im Massivbereich getroffen (1—10-km-Bereich), zweitens die Veränderungen im Bereich von 50—1000 m erwähnt und drittens die Verhältnisse innerhalb von Aufschlüssen (1—50-m-Bereich) betrachtet. Mikroskopische Untersuchungen erfolgten nicht. Auf einigen Abbildungen wurde die perlschnurartige Anordnung der TQK durch eingefügte Hilfslinien hervorgehoben. Die Größe der ausgewerteten Fläche je Aufschluß ist sehr unterschiedlich (Abb. 2).

3.1. Die Verteilung im Massiv (Bereich 1–10 km)

Die Häufigkeit der TQK pro m² wurde an 86 Aufschlüssen in den verschiedenen Granitphasen überprüft und die Ergebnisse in Abb. 3 (s. Einschlagtafel) dargestellt. Die ausgewerteten Aufschlüsse sind ungleichmäßig im Eibenstocker Massiv verteilt. Das ist in erster Linie durch die natürliche Aufschlußverteilung bedingt. Die Karte enthält alle festgestellten Häufigkeiten unabhängig von den Granittypen, zu denen die Aufschlüsse gehören. Zusätzlich sind die Aufschlußsymbole so gestaltet, daß sie über die entsprechende Granittypzugehörigkeit Aufschluß geben.

Aus Abb. 3 ergibt sich, daß sich die Aufschlüsse mit höherem Häufigkeitsgrad zu einem mehrere km breiten Streifen gruppieren, der im Westen im Gebiet Morgenröthe—Rautenkranz einsetzt und sich in ENE-Richtung bis in das Gebiet von Sosa erstreckt, jedoch den Kontakt weder im E noch im W erreicht.

Dieser Streifen wird von zwei Bereichen größter Häufigkeit, die östlich bzw. südwestlich von Eibenstock liegen, gebildet.

Auffallenderweise sind im Endokontaktbereich relativ viele Aufschlüsse der niedrigsten Häufigkeitskategorie vorhanden. Nimmt man den Endokontaktbereich mit einer Breite von zwei Kilometern (Horizontalprojektion) an, so befinden sich 25 der 86 ausgewerteten Aufschlüsse darin.

Tab. 2 zeigt die Verteilung der Häufigkeitskategorien im gesamten Massiv und im Vergleich dazu die aus dem Endokontaktbereich.

Tab. 2. Verteilung der Häufigkeitskategorien im Eibenstocker Massiv und in der (2 km breiten) Endokontaktzone

Bezugsbereich	Turmalin-Quarz-Knollen pro m²					
	n	< 1 %	1–3 %	4–6 %	7–9 %	> 9 %
Gesamtmassiv	86	52	22	10,5	10,5	4,5
Endokontaktbereich	25	68	12	12	4	4

Der Anteil der niedrigen Häufigkeitskategorien ist also im Endokontaktbereich wesentlich höher. (In diesen Vergleich wurden die in der Nähe der Hornfelsinseln von Eibenstock liegenden Aufschlüsse nicht ein-

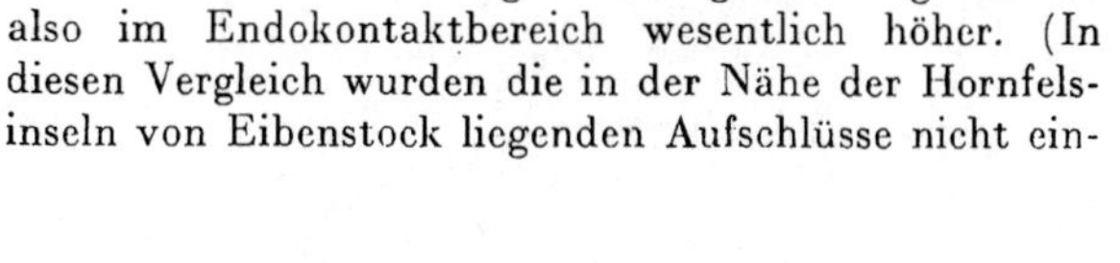

Abb. 2. Prozentuale Verteilung der Größe der ausgewerteten Aufschlußflächen

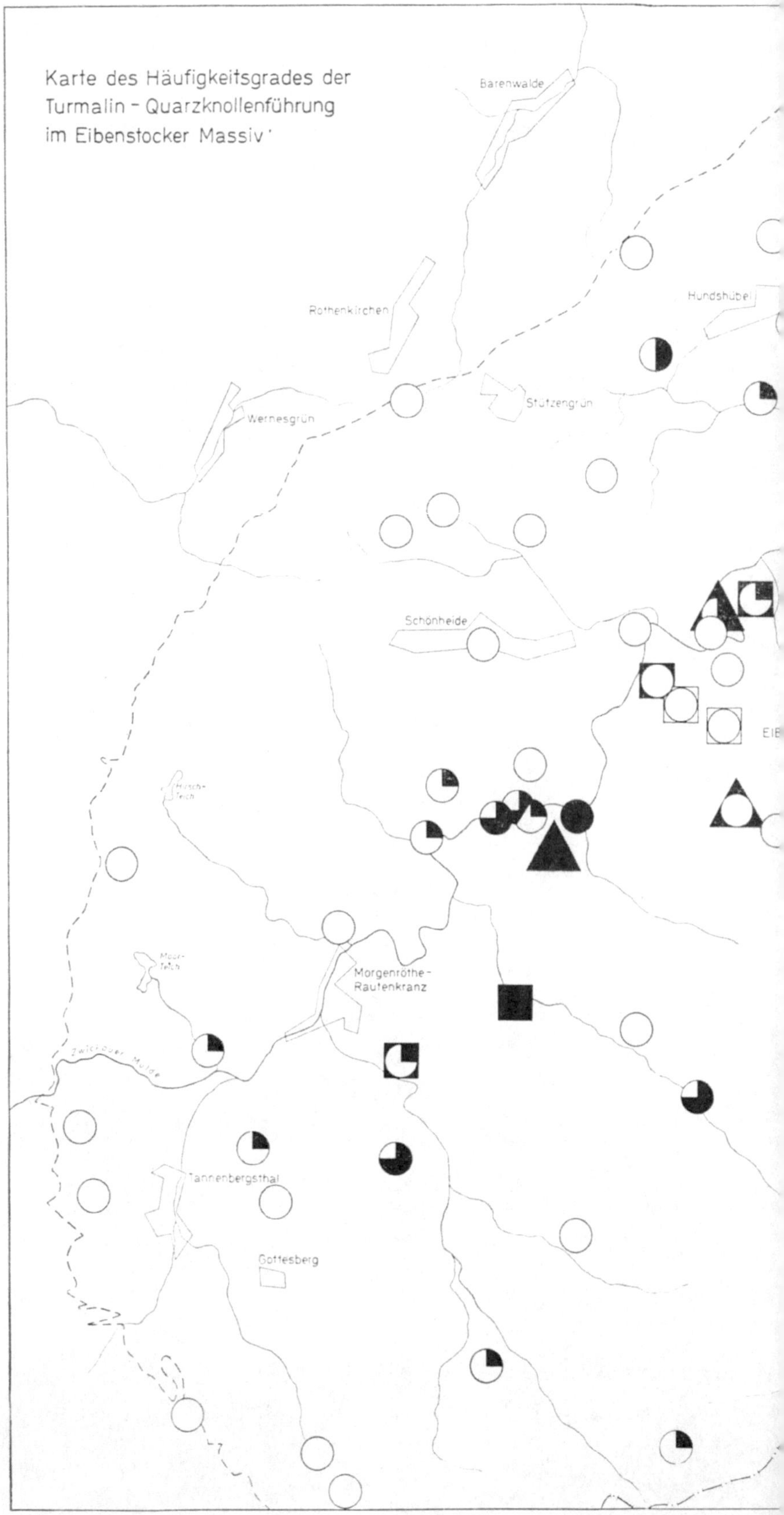

1 – Granit Typ Krinitzberg, 2 – Granit Typ Walfischkopf, 3 – G

4 – Granit Typ Blauenthal, 5 – Granit Typ Feinkörnige Granite

Abb. 4. N—S streichende Wand im alten Steinbruch unterhalb Wilzschhaus, linker Hang, an der Kleinbahnbrücke. Die TQK sind durch weiße Punkte gekennzeichnet. Die Kreuze besitzen 1 m Balkenlänge und liegen 5 m auseinander.

bezogen, da sie nicht durch Intrusions-, sondern durch tektonische Kontakte begrenzt werden.) Eine Ausnahme bildet das Gebiet um das Schwarzwasser im ENE des Massivs.

3.2. Verteilung im Bereich 50—1000 m

Bei diesen Aufschlüssen schwankt der Häufigkeitsgrad teilweise sehr stark. Das ergibt sich auch zwangsläufig in Auswertung der Abb. 3. Ferner zeigte sich, daß im Stollen Jägersgrün innerhalb der Bereichsgrenzen Schwankungen zwischen 3 TQK/m² und fast 0 TQK/m² auftreten.

3.3. Verteilung der Turmalin-Quarz-Knollen im Aufschlußbereich

An relativ zahlreichen Aufschlüssen wurde beobachtet, daß die TQK ungleichmäßig verteilt sind und sich manchmal bestimmten Richtungen zuordnen lassen. Einige ausgewählte Beispiele werden im folgenden besprochen.

3.3.1. Alter Steinbruch am linken Muldehang unmittelbar an der Kleinbahnbrücke unterhalb von Wilzschhaus[1])

Die Westseite des alten Steinbruchs wird von einer leicht überhängenden, bis zu 20 m hohen Wand gebildet, die von N nach S streicht und ca. 85° W fällt. Auf der Wand sind zahlreiche TQK verschiedener Größe und in inhomogener Verteilung zu erkennen (Abb. 4). Von dieser Wandfläche wurde eine ca. 250 m² große Teilfläche ausgehalten und die Lage der TQK ermittelt. Die dabei gewonnenen Photos wurden unter Vernachlässigung der bei der photographischen Aufnahme entstandenen Verzerrung auf eine Unterlage von Millimeterpapier kopiert und vergrößert. Zur Auszählung der TQK verwendeten die Verf. eine quadratische Bezugsfläche, die etwa 3,5 m² entspricht. Nach der Auszählung wurde die Anzahl der festgestellten TQK im Zentrum der Bezugsfläche notiert und die Auszählfläche in diagonaler Richtung verschoben. Den Verschiebungsbetrag wählten wir so, daß vier Auszählungen je Meßdiagonale in einer Fläche erfolgten, die der Größe der Auszählfläche entspricht. Danach wurden Häufigkeitsbereiche ($H_1 > 0$; $H_2 \leq 4$; $H_3 \leq 8$ und $H_4 > 8$ TQK) ausgehalten (Abb. 5).

Die Verteilung und die Form der Häufigkeitsbereiche an der untersuchten Aufschlußwand zeigen sehr deutlich, daß ihre Konturen vorwiegend diagonalen, aber auch horizontalen und vertikalen Richtungen folgen.

Um Richtung und Betrag der häufigsten Anordnungen auf der Meßfläche zu ermitteln, wurden mit Hilfe der EDV[2]) das Einfallen der Verbindungslinien von jeder TQK zu jeder TQK und die Häufigkeitsverteilung errechnet. Das Maximum aller Linien fällt mit 65° nach S ein (Abb. 6). Betrachtet man die nach Norden einfallenden Verbin-

[1]) Die Feldaufnahme erfolgte mit Unterstützung von Dipl.-Geol. S. LÄCHELT und Dr. J. RENTZSCH.

[2]) Programmiert durch Dipl.-Math. KUNO SCHMIDT, ZGI, Berlin.

dungslinien für sich, so ergibt sich ein Maximum, das ca. 55° einfällt und damit nahe der aus Abb. 5 ersichtlichen Hauptfallrichtung liegt.

Es ergibt sich, daß die TQK der betrachteten Fläche nicht nur inhomogen verteilt sind, sondern bestimmte Richtungen und hier vor allem beide Diagonalen bevorzugen. Die von TEUSCHER (1936b) festgestellte bevorzugte Bindung der TQK dieses Aufschlusses an vertikal verlaufende Aplite ist nicht real.

Die aus der Umgebung des Aufschlusses vorhandenen Kluftdiagramme lassen nur andeutungsweise eine Diagonalklüftung erkennen (Abb. 7).

3.3.2. Schwarzwasserbett zu beiden Seiten der Brücke bei Breitenbrunn

Im anstehenden Bachbett sind zahlreiche TQK vorhanden. Nur in wenigen Fällen lassen diese längliche Formen und damit eine deutliche Bindung an Spalten erkennen (Abb. 8). Die TQK-Verteilung im unmittelbar südlich der Brücke befindlichen Bachbett wird durch die Abb. 9—11 wiedergegeben. Auf der Grundlage von Abb. 9 wurde die Häufigkeitsverteilung in gleicher Weise wie im Abschnitt 3.3.1. ermittelt — nur mit kleinerem Auszählquadrat — und in Abb. 10 dargestellt.

Auf Abb. 11 ist zu erkennen, daß die TQK vielfach perlschnurartig angeordnet sind und somit bestimmte räumliche Richtungen bevorzugen. Die wahrscheinlichsten perlschnurartigen Anordnungen der TQK wurden durch Verbindungslinien hervorgehoben. An der Südseite des abgebildeten Aufschlußteils ist die Häufung von TQK so groß, daß auch andere als die hier hervorgehobenen Richtungen möglich sind. Der Mittel- und Nordteil des Aufschlusses lassen dagegen kaum andere Zuordnungen zu.

Turmalinknollenverteilungen, die den unter 3. 3. 1. und 3.3.2. angeführten gleichen, sind zahlreich zu beobachten.

Zur Dokumentation der TQK-Verteilung wurden von einigen anderen Aufschlüssen Photos bzw. Verteilungsskizzen angefertigt (z. B. Abb. 12; Aufschlußkennzeich-

Abb. 5. Wie Abb. 4. Verteilung der TQK an der Steinbruchwand. Ausgewertete Fläche ca. 250 m². Auszählfläche quadratisch, entspricht ca. 3,5 m². Innerhalb einer Fläche von 3,5 m² wurden je 9 Verteilungswerte gewonnen. Die Häufigkeitsbereiche betragen $H_1 = <1$; $H_2 = \leq 4$; $H_3 = \leq 8$; $H_4 = > 8$ TQK/Auszählfläche.

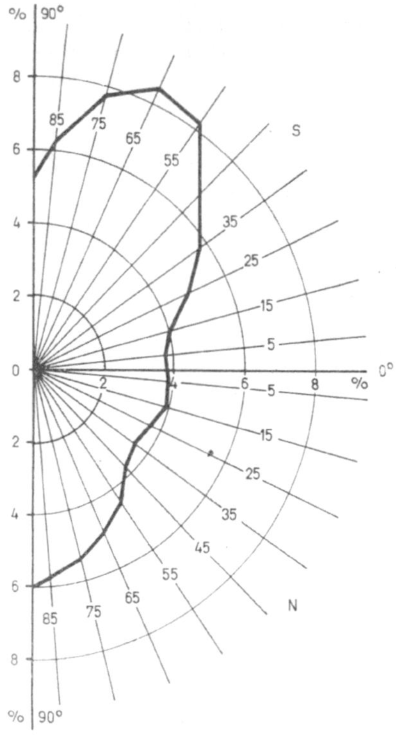

Abb. 6. Häufigkeitsverteilung (in %) des Einfallens der Verbindungslinien von jeder TQK zu jeder anderen TQK an der N—S-Wand im alten Steinbruch unterhalb Wilzschhaus

nung siehe Abbildungstext). Die Aufnahmen lassen auch hier erkennen, daß die TQK sowohl im Granit Typ E als auch im feinkörnigen porphyrischen Granit inhomogen verteilt sind und bestimmte räumliche Anordnungen bevorzugen.

4. Zu den Beziehungen zwischen der Raumlage von Unstetigkeitsflächen und der Turmalin-Quarz-Knollen-Häufigkeit

Aus Kap. 3. ergibt sich eine unverkennbar inhomogene Verteilung der TQK, die in einer Reihe von Fällen deutlich, in anderen weniger deutlich bestimmbare Richtungen im Raum bevorzugen. Nach den ausgewerteten Aufschlüssen bevorzugen sie i. a. diagonale Flächen.

Annähernd horizontale und vertikale Kluftflächen sind im Eibenstocker Massiv fast überall deutlich entwickelt. Dagegen sind Diagonalklüfte relativ selten in größerer Häufigkeit nachgewiesen. Auch in der Umgebung des alten Steinbruchs unterhalb von Wilzschhaus sind, wie Abb. 7 zeigt, die diagonalen Kluftflächen nicht intensiv ausgeprägt. In diesem Bereich haben aber nachgewiesenermaßen (Abb. 5) diagonale Unstetigkeitsflächen für die räumliche Anordnung der TQK eine bestimmende Bedeutung; denn die Isolinien der Häufigkeitsverteilung bevorzugen diagonale Richtungen. Daneben sind aber auch horizontal und vertikal liegende Isolinien häufig.

In vereinzelten Fällen gruppierten sich die TQK deutlich in bestimmten Richtungen. So ist die TQK-Konzentration an beiden Wänden der mehrere Meter breiten E—W streichenden schluchtartigen Neujahrpinge am Nordosthang des Fällberges relativ hoch. Sie nimmt an den senkrecht dazu liegenden Flächen mit zunehmender Entfernung von den Pingenwänden deutlich ab. Klüfte mit Turmalinbestegen streichen bevorzugt parallel zu den Pingenwänden. Am Köppelstein dagegen scheinen NW streichende steile Unstetigkeitsflächen bevorzugt TQK zu führen.

Während in der weitaus überwiegenden Anzahl der beobachteten Fälle die TQK eine rundliche Form besitzen und nur ihre perlschnurartige Anordnung Zusammenhänge mit Klüften wahrscheinlich macht, gibt es Turmalin-Quarz-Aggregate, die eine gestreckte Form haben, die vermutlich auf die Entwicklung des Aggregats an einer Kluftfläche zurückzuführen ist (Abb. 8).

Auch an den aus Quadern des Granits Typ Blauenthal errichteten Gebäuden des Steinbruchs Blauenthal ist festzustellen, daß die wenigen im Granit enthaltenen TQK (100 m² ausgewertete Granitquaderoberfläche — Häufigkeitsgrad 0,05) meist an Klüfte gebunden sind.

5. Zur Bindung der Turmalin-Quarz-Knollen an Kontaktflächen

Über eine bevorzugte Bindung der TQK an Kontakte Granit / sedimentäres Nebengestein oder Granit / magmatische Gänge (außer Apliten und feinkörnigen Graniten) liegen keine Beobachtungen vor.

7 a

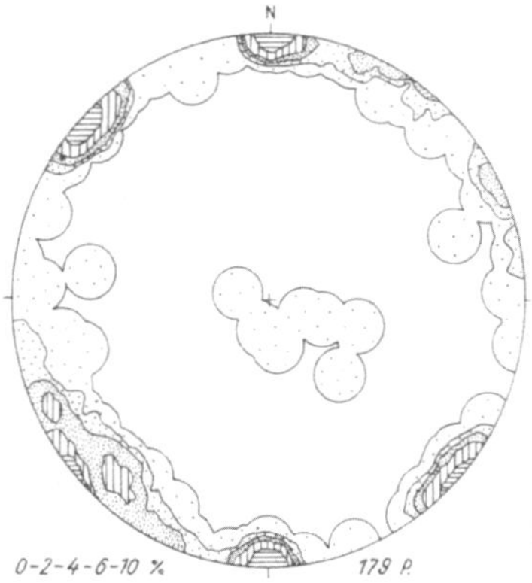

7 b

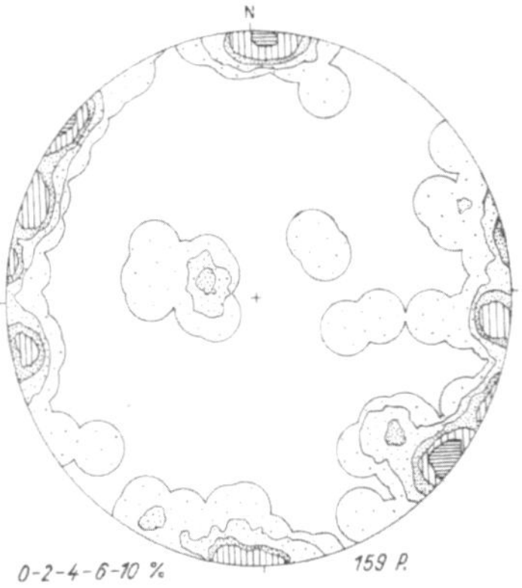

7 c

Abb. 7. Kluftdiagramm aus der Umgebung des Steinbruchs Wilzschhaus
a — ca. 8,8 km nördlich vom Steinbruch, b — ca. 1,8 km östlich vom Steinbruch, c — ca. 0,8 km südlich vom Steinbruch

Bei verschiedenaltrigen granitischen Gesteinen scheinen die Kontakte oder ihre unmittelbare Nähe bevorzugte Orte der Lokalisierung von TQK zu sein. So konzentrieren sich die TQK fast vollständig im oberen Teil des 10 m mächtigen flachliegenden feinkörnigen Granits am Köppelstein. Im hangenden Granit Typ E verteilen sich die TQK auf eine 5 m mächtige Zone über dem feinkörnigen Granit. Ferner spricht dafür, daß im Granittyp K der Gipfelklippe des Krinitzberges nur sehr wenige, aber in den im Typ K enthaltenen schmalen Apophysen des jüngeren Granits sehr viele TQK enthalten sind (TQK-Häufigkeitsgrad Granittyp K : Apophysengranit = < 1:16—20). Eine ähnliche Situation liegt in den Walfischkopfklippen vor.

Hier, wie auch in und an granitischen Schollen beobachtet, sind TQK relativ häufig an die unmittelbaren Kontaktflächen gebunden und können beide aneinandergrenzenden granitischen Gesteine erfassen. So tritt in der Baugrube der projektierten Talsperre bei

Abb. 8. Schwarzwasserbett nördlich der Straßenbrücke bei Breitenbrunn. Aufgenommene Fläche umfaßt ca. 15 m^2. Die Häufigkeit beträgt 3 TQK/m^2.

Neidhardtsthal eine Scholle von 50 × 30 cm auf, an deren Kontakt fünf TQK und in unmittelbarer Nähe zwei weitere TQK liegen, während der umgebende Granit Typ E im Mittel 1,5 TQK/m^2 führt. Auch die meist nicht sehr großen granitischen Schollen selbst sind, wie dies an verschiedenen Aufschlüssen beobachtet werden konnte, intensiver TQK-führend als ihre Umgebung. In einer 40 × 80 cm großen Scholle aus feinkörnigem Granit im Katzenstein bei Rautenkranz — der umgebende Granit Typ E hat einen TQK-Häufigkeitsgrad von 0,1 — sind eine TQK und verschiedene turmalinführende Klüfte zu beobachten. Letztere verlieren sich beim Übertritt vom Xenolith zum Granit Typ Eibenstock. In der großen Klippengruppe am NNW-Ausläufer des Auersberges (Typ B) sind auf einer Fläche von 30 bis 40 m^2 vier TQK vorhanden. Davon befinden sich eine Knolle in einer kleinen Scholle von feinkörnigem Granit und eine weitere am Kontakt Scholle zu umgebendem Granit. Eine damit vergleichbare Situation liegt auch an den Klippen im Weinstockbachtal vor.

Die von TEUSCHER (1936b) und STRIEGLER (1968) an Aufschlüssen beobachtete Häufung von TQK an Kontakten feinkörniger Granite zum Granit Typ E ist unseres Erachtens ebenfalls auf die stimulierende Wirkung von Kontakten und Kontaktbereichen auf die Bildung von TQK zurückzuführen.

6. Über die Turmalin-Quarz-Knollen-Führung magmatischer Gesteinstypen

Annähernd ausreichende Werte zu einer Aussage über die TQK-Führung der einzelnen magmatischen Gesteinstypen liegen nur für den Granit Typ E vor.

Von sauren und basischen Ganggesteinen existieren keine und von den übrigen Granittypen nur wenige Werte.

Tab. 3. Durchschnittlicher TQK-Häufigkeitswert der einzelnen Granittypen

Granit-typ	Zahl der verwendeten Werte	kleinste mittlere TQK-Häufigkeit unter den Aufschlüssen	größte mittlere TQK-Häufigkeit unter den Aufschlüssen	durchschnittlicher Häufigkeitsgrad
K	2	0	1	<1
W	4	0,9	10	3,5
E	49	0	12	1,1
B	6	0,01	0,1	0,05
fk (Granitgruppe)	10	0	13	4 (?)

Die im Granit Typ E in den verschiedenen betrachteten Größenordnungen nachgewiesene Häufigkeit der TQK ergibt, daß in dieser Granitphase sehr große Schwankungen von TQK/m^2 auftreten. Diese sehr ausgeprägten Schwankungen und die zu kleinen Wertekollektive aus anderen Granitphasen schließen unseres Erachtens einen sinnvollen Vergleich der TQK-Häufigkeiten der Granitphasen aus. Nach Hinweisen, die aus der Feldarbeit gewonnen wurden, muß man annehmen, daß auch in den anderen Granitphasen die Absätzigkeit gleiche oder ähnliche Größen besitzt wie im Granit Typ E. Sowohl das Krinitzberg- als auch das Walfischkopf-Vorkommen des Granits Typ K führen sehr wenige TQK, obwohl beide Vorkommen in einem Teil des Eibenstocker Massivs liegen, der sonst relativ reich an TQK ist und

Abb. 9. Wie Abb. 8. Südseite der Brücke. Die aufgenommene Fläche umfaßt ca. 20 m^2. Die Häufigkeit beträgt 6 TQK/m^2.

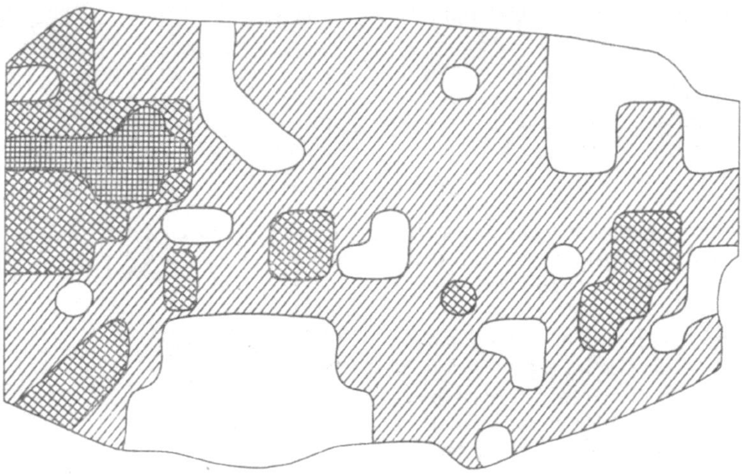

Abb. 10. Wie Abb. 9. Verteilung der TQK im anstehenden Bachbett. Die Auszählfläche beträgt 0,25 m². Die Häufigkeitsbereiche enthalten $H_1 = < 1$; $H_2 = \leq 3$; $H_3 = \leq 6$; $H_4 = > 6$ TQK/m².

auch das in der Nähe befindliche Vorkommen von Granit Typ W zahlreiche TQK führt. Diese beiden Granittypen sind stofflich und mineralogisch einander sehr ähnlich und werden von HERRMANN (1967) und

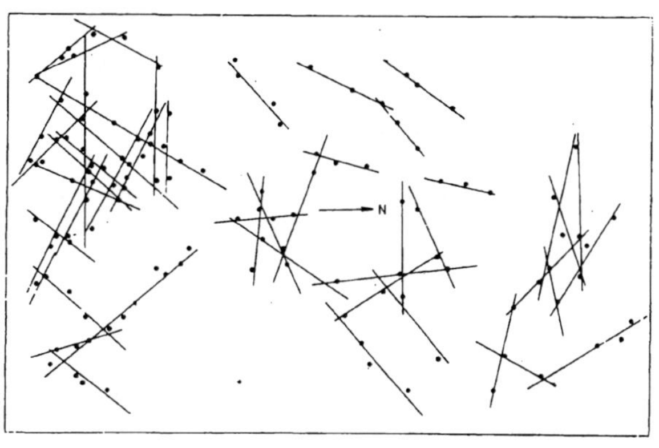

Abb. 11. Wie Abb. 9. Perlschnurartige Anordnung der TQK, hervorgehoben durch eingefügte mögliche schematische Verbindungslinien

BURZEW & BRÄUER (1965) als zwei Phasen des Typs Krinitzberg zusammengefaßt und von TISCHENDORF (1968) als Zwischengranite bezeichnet, die stofflich zwischen den oberkarbonischen Gebirgsgraniten und unterpermischen Erzgebirgsgraniten stehen.

Für die aplitartigen Gesteine ist ebenfalls eine sehr große Absätzigkeit der TQK-Häufigkeit festgestellt worden. So führen aplitartige Ganggesteine des Stollens Jägersgrün dann TQK in größerer Menge, wenn die TQK auch im umgebenden Granit Typ E zahlreich sind, und die aplitartigen Granite haben dann keine oder wenige TQK, wenn auch der umgebende Granit arm daran ist. Davon zu unterscheiden sind aplitartige Ganggesteine, die TQK durchsetzen und demnach jünger als diese sind.

Aus Quarzporphyren, Granitporphyren usw. ist eine TQK-Führung nicht beschrieben worden, und auch eigene Beobachtungen liegen dazu nicht vor. Ein schmaler Quarzporphyrgang in der Pinge unterhalb der Lochhäuser enthält keine TQK, obwohl im umgebenden Granit Typ E zahlreiche TQK vorhanden sind.

Außer der starken Absätzigkeit im Auftreten der TQK ist zusätzlich zu berücksichtigen, daß der Einfluß anderer Turmalinisierungsphasen das TQK-Auftreten überlagern kann. So ist z. B. in der großen Klippe (Typ B) am NNW-Ausläufer des Auersberges relativ viel Turmalin im Granit verteilt (metasomatischer Turmalin?), aber wenig in Form von TQK vorhanden. Im Gegensatz dazu enthält der Typ B in den Steinbrüchen bei Blauenthal und auf dem Riesenberg fast keinen Turmalin. Manche feinkörnigen Granite haben häufiger megaskopisch sichtbaren Turmalin (Köppelstein, Lutherweg), doch tritt er dann überwiegend gemeinsam mit grobkörnigen Ausbildungen der Gesteinsminerale auf. In anderen feinkörnigen Graniten (Bühlberg) tritt kein megaskopisch sichtbarer Turmalin auf. Die Schwan-

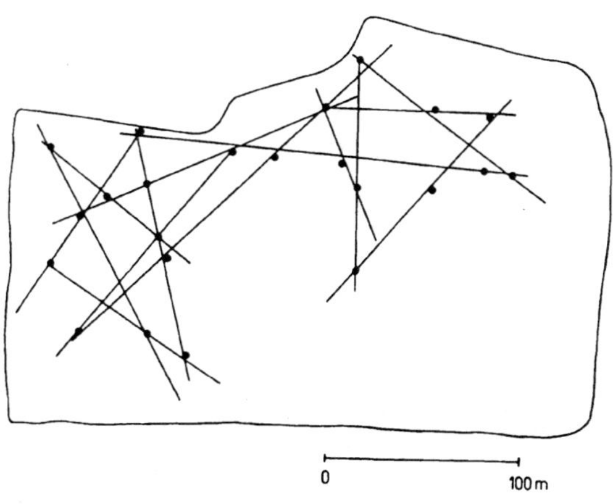

Abb. 12. Verteilung von TQK an einer Kluftfläche der Klippen im SW von Hundshübel und im S vom Geleitshaus. Die perlschnurartige Anordnung wurde durch Hilfslinien hervorgehoben.

kungsbreite in der TQK-Führung ist bei der Sammelgruppe „Feinkörnige Granite" sehr groß.

Der Versuch mit Hilfe der TQK-Führung die einzelnen Granitphasen zu trennen, führt also zu keinem befriedigenden Ergebnis, da bis auf den Granit Typ E aus den anderen Granittypen nur wenig Werte zur Verfügung stehen. Doch auch bei den wenigen Proben der übrigen Granite ist ebenso wie beim Granit Typ E eine starke Absätzigkeit der TQK-Führung erkennbar. Jedoch darf nicht übersehen werden, daß im allgemeinen der Typ B und einige der feinkörnigen Granite arm an TQK gegenüber Typ E sind.

Abweichend hierzu ergibt sich aus den Borgehaltsuntersuchungen von TISCHENDORF (1970, i. Dr.) die Möglichkeit eines unterschiedlichen primären akzessorischen Turmalingehalts je Gesteinstyp. TISCHENDORF führt die Borgehaltsschwankungen in megaskopisch metasomatisch nicht veränderten Proben einzelner Granittypen des Eibenstocker Massivs auf Schwankungen der primären Turmalingehalte zurück (Tab. 4).

Tab. 4. Borgehalte in Graniten des Eibenstocker Massivs (nach TISCHENDORF 1970, im Druck)

Granittyp	Zahl der Proben	minimal	maximal	geometrisches Mittel	Streuung
Walfischkopf	6	30	283	65	+63 −44
Eibenstock	42	7	160	40	+77 −26
Blauenthal	15	7	170	37	+73 −24
Feinkörnige Granite	13	7	110	31	+38 −17

Sowohl das arithmetische als auch das geometrische Mittel zeigen von den älteren zu den jüngeren Graniten fallende Werte.

Abb. 13. Turmalinknolle wird von granitoidem Gang durchsetzt. Lesestein, Westhang des Mühlberges bei Eibenstock

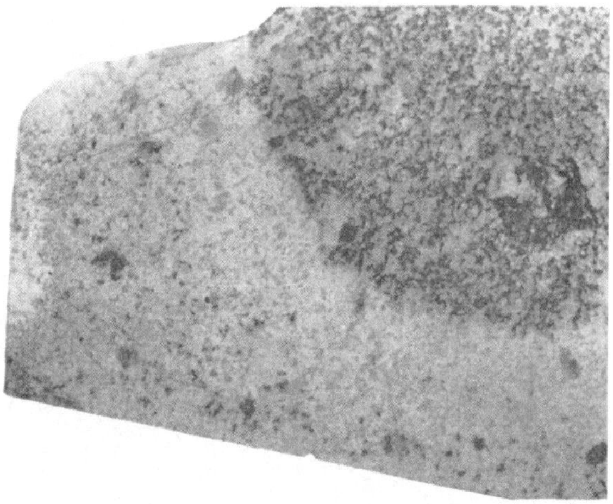

Abb. 14. Turmalinknolle in feinkörnigem porphyrischem Granit, Steinberg bei Burkhardtsgrün. Der glimmerfreie Rand um die Knolle ist deutlich sichtbar (Anschliffphoto).

Man muß aber bei der Diskussion über die Häufigkeit der TQK in den einzelnen Granitphasen die primäre akzessorische Turmalinführung der Granite von der in den TQK enthaltenen Turmalinführung trennen.

7. Über die Beziehungen der Turmalin-Quarz-Knollen zur magmatisch-pegmatitischen Abfolge und zu den metasomatischen Prozessen

Die TQK treten in allen Graniten des Eibenstocker Massivs auf und wurden deshalb von früheren Bearbeitern meist eng mit der Bildung des Granitmassivs in Verbindung gebracht. Diese enge genetische Bindung an die Granite, in denen die TQK in allen Teilen des Massivs vorkommen, erfordert die Diskussion einer möglichen Entstehung der TQK im magmatisch-pegmatitischen Prozeß. Die TQK gleichen kleinen Greisenkörpern, bei deren Bildung Feldspat und Biotit durch Hellglimmer bzw. Topas und Quarz von Turmalin und Quarz ersetzt wurden. (Abb. 15 und 16). Diese Tatsache erfordert die Untersuchung des Anteils der Metasomatose an der TQK-Bildung.

Die Beziehungen der TQK zu den magmatisch-pegmatitischen Prozessen sind nicht genau bekannt. Die pegmatitischen Trümer und Drusen, auch wenn sie Turmalin führen, zeigen üblicherweise keine Bildungen, die Greisen darstellen oder greisenähnlich sind. Der Turmalin ist hier eine der letzten Bildungen und füllt die Zwickel zwischen pegmatitischem Feldspat, Glimmer und Quarz. Die TQK gleichen den üblichen pegmatitischen Bildungen nicht. Es soll nicht unerwähnt bleiben, daß in TQK mit drusenartiger Kernzone auch Turmalin in idiomorpher Ausbildung auftritt.

Neben der Tatsache, daß die TQK-Bildung aus stofflicher Sicht durch einen Prozeß erfolgte, der einem Vergreisenungsprozeß sehr ähnlich war, sprechen auch der innere Bau und die äußere Form der TQK für eine metasomatische Entstehung. Die TQK zeigen bei gutentwickelten Exemplaren folgenden zonarkonzentrischen Aufbau (Abb. 14; mineralogische Beschreibung vorwiegend nach HERRMANN 1967):

Zone 1:

Kernzone, manchmal drusig entwickelt, mit idiomorphen und hypidiomorphen Mineralien, meist nur Quarz und Turmalin, aber auch geringe Mengen von saurem Plagioklas und von unscharf ausgebildeten gelblichen Apatiten. Die Kernzone ist häufiger nicht von Zone 2 zu trennen.

Zone 2:

Massige Quarz-Turmalin-Ausbildung unter Erhaltung des Quarzkorngefüges. Plagioklas, Kalifeldspat und Biotit werden durch Turmalin ersetzt, außerdem verschwinden Topas, Zirkon, Apatit und Erz.

Zone 3:

Unmittelbare Umgebung der TQK. In der Zone treten fast nur Quarz und Feldspat auf. Der Biotit ist zerstört und der Kalifeldspat teilweise durch Plagioklas ersetzt.

Wie bei anderen Metasomatiten erfolgt die Gesteinsveränderung während des Bildungsprozesses der TQK allmählich und geht von einem Zentrum nach außen. Die Intensität der Veränderung nimmt dabei nach außen ab. Das primäre Quarzgefüge bleibt als Beweis einer erfolgten metasomatischen Veränderung erhalten (siehe dazu HERRMANN 1967 und STRIEGLER 1968).

Problematisch ist die meist rundliche Gestalt der TQK, da Greisenkörper im Gegensatz zu ihr meist gestreckte Formen besitzen. Doch sind auch rundliche Formen von Greisenkörpern bekannt. So sind im Weidgruben-Greisenkörper der Lagerstätte Gottesberg kleine rundliche Quarz-Topas-Greisenkörper mit Durchmessern zwischen wenigen Zentimetern und einem Meter vorhanden, deren Bildungs- und Lokalisierungsumstände ebenfalls nicht sicher bekannt sind. Im Huberstock-Greisenkörper von Krasno (ČSSR) treten ebenfalls rundliche metasomatische Körper auf.

Die Turmalingreisen, wie sie in verschiedenen Teilen des Massivs in geringerer Verbreitung vorkommen, sind nicht identisch mit den TQK. Erstere stellen durch ihre relativ reichliche Turmalinführung ausgezeichnete Teile von echten Greisenkörpern dar.

8. Bemerkungen zur Altersstellung der Turmalin-Quarz-Knollen-Bildung

Über die Altersstellung der TQK sind in der Literatur über das Westerzgebirge—Vogtland unterschiedliche Meinungen geäußert worden. Nach Feststellungen der Verf. ergibt sich folgende Sachlage: Die Altersabgrenzung zum Älteren ist relativ kompliziert. Die Aufschlußbefunde lassen die Annahme zu, daß die Bildung der

Abb. 15. Turmalinknolle in feinkörnigem Granit, Steinbruch Burkhardtsgrün (Anschliffphoto)

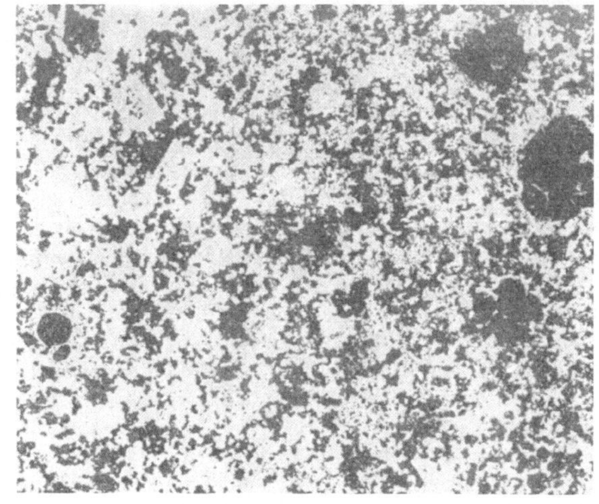

Abb. 16. Lackphoto (nach der Methode von BEHR 1966) eines Ausschnitts von Abb. 15

Schwarz: kaum bis schwach angeätzte Minerale (Quarz, Turmalin). Weiß: stark angeätzte Minerale (Feldspäte, Glimmer)

Das ursprüngliche Gefüge des Granits ist auch in der Turmalinknolle (im linken Teil des Bildes) erhalten geblieben, obwohl hier eine gewisse Verdrängung der weißen durch die schwarzen Flächen sichtbar ist.

TQK nach Abschluß der Intrusionen der einzelnen Granitphasen im Eibenstocker Massiv und auch nach der Intrusion einer Gruppe von aplitartigen Gängen erfolgt ist; denn alle genannten Gesteine führen, wenn auch in unterschiedlichem Ausmaß, Turmalinknollen. Verf. nehmen ferner an, daß die im Massiv auftretenden Pegmatite, die jünger, möglicherweise auch gleich alt mit aplitartigen Gängen sind, ebenfalls älter als die TQK sind. Diese Pegmatite entstanden teilweise an den Exokontakten aplitartiger Gänge. Sie können Turmalin führen, zeigen aber keine Vergreisungserscheinungen.

Die Abgrenzung der TQK-Bildung zu den jüngeren endogenen Abfolgen ist weniger kompliziert. Durch entsprechendes Faktenmaterial ist belegt, daß TQK von aplitartigen Gängen (Abb. 13), von Greisentrümern und von turmalinführenden Spalten durchsetzt werden.

Altersmäßig steht demnach die Bildung der TQK zwischen der Bildung einer älteren Gruppe von aplitartigen Gängen bzw. der Bildung der Pegmatite und der Entstehung der jüngeren Gruppe aplitartiger Gesteine und der Greisen.

9. Über die Herkunft des Bors der Turmalin-Quarz-Knollen (Mobilisierung oder Zufuhr des Bors?)

Aus den vorstehenden Ausführungen ergibt sich, daß

die TQK-Führung innerhalb der einzelnen Granitphasen sehr absätzig ist,

die TQK bestimmte räumliche Bereiche bevorzugen,

der Endokontaktbereich relativ arm an TQK ist,

die TQK innerhalb eines Aufschlusses bestimmte Raumlagen bevorzugen,

die TQK nicht zwangsläufig, aber doch oft an Kontakten von granitischen Gesteinen gehäuft auftreten,

die TQK metasomatischer Entstehung sind,

die Bildung der TQK nach der Intrusion der Granitphasen und vor der Vergreisung erfolgte.

Für eine Erklärung der Bildung der TQK und ihrer inhomogenen Verteilung durch spätmagmatische und autometasomatische Prozesse sprechen keine der behandelten Kriterien.

Erklärt man die Bildung der TQK und ihre inhomogene Verteilung durch metasomatische Prozesse, so ist es möglich, die Herkunft des Bors auf verschiedenartige stoffliche Quellen zurückzuführen. Einmal kann das Bor der Akzessorien und der TQK insgesamt im Magma und später im Mineralbestand der Granite enthalten gewesen sein, dann durch metasomatische Lösungen mobilisiert, transportiert und ausgefällt worden sein. Da metasomatische Lösungen an Migrationswege gebunden sind, also nur in bestimmten Strukturen wirksam werden, ließe sich auf diese Weise die Bildung der TQK und ihre inhomogene, aber häufiger deutlich gerichtete Anordnung zwanglos erklären. Im bereits erstarrten Granit ist deren relative Verarmung und Anreicherung an unterschiedlichen Orten zu erwarten.

Zum anderen kann man annehmen, daß das Bor der TQK während der Metasomatose zugeführt wurde. Auch diese Deutung erscheint möglich.

Auf Grund des vorliegenden Materials sind wir der Meinung, daß eine Genese der TQK durch magmatische Prozesse nicht erfolgt ist. Die wichtigsten Fakten lassen eine deutliche Einwirkung postmagmatischer metasomatischer Prozesse erkennen. Dabei ist sowohl lateralsekretionäre Borkonzentration als auch epigenetische Borzufuhr bzw. die Wirkung beider Faktoren gemeinsam als möglich anzusehen.

Zusammenfassung

Im Eibenstocker Massiv sind in den verschiedenen Granitphasen und Apliten zahlreiche meist rundliche Turmalin-Quarz-Knollen (TQK) vorhanden, die bis zu 50 cm Durchmesser erreichen und konzentrisch-schalig aufgebaut sind. Es wurden testartige Untersuchungen zur strukturgeologischen Situation der TQK durchgeführt.

Die TQK sind, in verschiedenen Maßstäben betrachtet, inhomogen verteilt. Neben Bereichen mit sehr intensiver TQK-Führung (mit mehr als 10 Stück pro m^2) gibt es andere, wo die TQK-Anzahl zwischen 0 und 1 pro m^2 beträgt.

Die TQK sind häufig undeutlich perlschnurartig angeordnet. Derartige Anordnungen bevorzugen diagonale Richtungen.

Die TQK werden als postgranitische metasomatische Gebilde angesehen, die vermutlich nach der Bildung der Pegmatite und vor der Vergreisungsmetasomatose entstanden sind.

Резюме

В Эйбенштокском массиве встречаются в различных гранитах и в аплитах многочисленные, чаще всего кругловатые, турмалиново-кварцевые желваки (TQK), достигающие в диаметре до 50 см и отличающиеся концентрично-слоистым строением. Проводились пробные исследования с целью выяснения структурно-геологического положения TQK.

Турмалиновые желваки, изученные в различных масштабах, характеризуются неоднородным распределением. Наряду с участками, отличающимися очень большим количеством турмалиновых желваков (больше 10 штук на 1 $м^2$), имеются участки, на которых количество их составляет от 0 до 1 на $м^2$.

Турмалиновые желваки часто нечетко расположены в виде жемчужной цепочки. Такое расположение встречается преимущественно как в диагональных, так и в вертикальных и горизонтальных направлениях.

Турмалиновые желваки считаются послегранитными метасоматическими образованиями, возникшими, возможно, после образования пегматитов и до наступления грейзенового метасоматоза.

Summary

In several varieties of granite and aplites of the Massif of Eibenstock numerous tourmaline-quartz nodules (TQK) are present which are mostly round-shaped, attain a diameter of up to 50 cm, and are built-up concentrically and with shells. Studies were carried out in the form of tests to investigate the structural-geological situation of the nodules.

They are distributed inhomogeneously when considered in various scales. There are zones having a very high content of nodules (that is to say more than 10 per m^2), and other ones with a number lying between 0 and 1 per m^2.

The nodules are often indistinctly arranged in the form of strings of pearls. Diagonal directions are preferred by such arrangements.

The nodules are considered to be postgranitic metasomatic structures presumably developed after the formation of pegmatites and prior to the greisening metasomatism.

Literatur

BEHR, H. J.: Die Verwendung von Lackfilmen (Ätzbildern) zur Strukturuntersuchung von metamorphen und magmatischen Gesteinen. — Monatsber., 8, 12, 897—904 (1966).

BURZEW, W., & H. BRÄUER: Geologische Karte Blatt Eibenstock 1:25000 (Neukartierung). — (1965).

DIEROFF: Über Turmalinführung in Gesteinen der Umgebung von Neudek in Böhmen. — Diss., Leipzig 1909.

HERRMANN, G.: Die Granite des Westerzgebirges und des Vogtlandes. — Unveröff. Diss. Sekt. Geowiss. Bergakad. Freiberg, Freiberg 1967.

KAEMMEL, T., & F. SCHUST: Eine Crisobalit-Opal führende pegmatitische Druse im Eibenstocker Granit. — Geologie. 12, 1, 36—46, Berlin 1963.

OELSNER, O. W.: Die pegmatitisch-pneumatolytischen Lagerstätten des Erzgebirges usw. — Freiberger Forsch.-H., 4 (1952).

SCHRÖDER, M.: Erläuterungen zur geologischen Spezialkarte des Königreichs Sachsen. — Sekt. Eibenstock, Bl. 145 nebst Aschberg, Bl. 153, 2. Aufl. (1900).

— Erläuterungen zur geologischen Spezialkarte des Königreichs Sachsen. — — Nr. 144, Bl. Falkenstein, 2. Aufl. (1915).

SCHUST, F.: Beitrag zur Untersuchungsmethodik magmatischer Körper, dargestellt am Beispiel des Eibenstocker Massivs. — Diss. math.-naturwiss. Fakultät Bergakademie Freiberg, Freiberg 1963.

— Zu den Granitvarietäten des Eibenstocker Zinnreviers im Westerzgebirge. — Z. angew. Geol., 11, 1, 4—11, Berlin 1965.

SCHÜTZEL, H., & G. HERRMANN: Über die Ausbildung eines Granit-Endokontaktes am Beispiel des Eibenstocker Granitmassivs im Raum von Johanngeorgenstadt. — Z. angew. Geol., 11, 1, 1—7, Berlin 1964.

STRIEGLER, R.: Die Turmalinisierungsphasen im Eibenstocker Granit. — Unveröff. Dipl.-Arb. Sekt. Geowiss. Bergakad. Freiberg, Freiberg 1968.

TEUSCHER, E. O.: Primäre Bildungen des granitischen Magmas und seiner Restlösungen im Massiv von Eibenstock—Neudek (im sächsischen Erzgebirge). — Min. petr. Mitt., 47, 211—262 (1936) [1936a].

— Umwandlungserscheinungen an Gesteinen des Granitmassivs von Eibenstock—Neudek. — Min. petrogr. Mitt., 47, 273—312 (1936) [1936b].

TISCHENDORF, G.: Zur Bestimmung der Clarkes einiger Spurenelemente in den Greisen des Eibenstocker Massivs und zur regionalen Verteilung dieser Spurenelemente vor allem in Beziehung auf Zinnlagerstätten. — Unveröff. Ber., zentr. geol. Inst., Unterlagenzentr., Berlin 1968.

— Zur geochemischen Spezialisierung der Granite des Westerzgebirgischen Teilplutons. — Geologie, 19 (im Druck).

Die Anwendung der hydrochemischen Klassifikation bei Sucharbeiten auf Erdöl

LESZEK BOJARSKI, Warschau

Kriterien für die Suche von Erdöl- und Erdgaslagerstätten stützen sich u. a. auf hydrochemische Verhältnisse. Die Hydrochemie ist zur Einschätzung der Perspektiven sehr gut geeignet, wenn sie richtig angewendet wird. In der Praxis findet in der VR Polen jedoch die Hydrochemie zur Abgrenzung perspektiver Gebiete nur in unzureichendem Maße Anwendung.

Meist werden in den Projekten für geologische Arbeiten auf Grund der geltenden Vorschriften lediglich hydrochemische Untersuchungen insoweit berücksichtigt, daß nur der Mineralisationsgrad bestimmt wird. Nicht berücksichtigt werden dagegen der Metamorphosegrad der Wässer und ihre Bindung an Reliktwässer. Hydrochemische Untersuchungen dieser Art können bei Sucharbeiten auf Mineralwässer geeignet sein, sind jedoch für die Lösung der Erdölproblematik ungeeignet.

Einige Wässer mit hohen Konzentrationen ähneln in ihrer Zusammensetzung Salzlösungen, die davon zeugen, daß ein für die Erhaltung von Kohlenwasserstofflagerstätten ungünstiges Medium vorhanden ist. Wässer über 50 g/l oder 100 g/l können nur in dem Fall als perspektive Wässer betrachtet werden, wenn ihr Chemismus dem der Reliktwässer ähnelt (KROTOWA 1960). DEPOWSKI hat als Erster in der VR Polen in ausreichendem Maße die Klassifikation der Wässer nach SULIN benutzt, die sich gut für die Verhältnisse der Polnischen Tiefebene eignet (DEPOWSKI u. a. 1965, PAZDRO 1964, SULIN 1948). Diese Klassifikation läßt sich besonders bei regionalen Arbeiten und in wenig erkundeten Gebieten gut verwenden. In Gebieten, in denen Erdöllagerstätten auftreten, kann die von CIMASZEWSKI ausgearbeitete Klassifikation Anwendung finden (BARS 1956, CIMASZEWSKI 1967). Sie weist die hydrochemische Zonalität innerhalb der Konturen von Erdöl- und Erdgaslagerstätten nach.

In gering erkundeten Gebieten ist die Klassifikation nach SULIN mit der Modifikation des Autors am geeignetsten (BOJARSKI, im Druck). Sie stellt die Zonalität der unterirdischen Wässer bildlich dar und hebt die hydrochemische Stabilität des Beckens hervor. Die Klassifikation wurde auf Grund von 400 Wasseranalysen ausgearbeitet, die eine Systematisierung der Tiefenwässer und die Aussonderung hydrochemischer Zonen mit unterschiedlichen Beckenverhältnissen für die Erhaltung von Kohlenwasserstofflagerstätten gestattet. Auf Grund der chemischen Zusammensetzung sowie des Metamorphosegrades wurden folgende Wassertypen ausgesondert:

a) Wässer des Hydrogenkarbonat-Natrium-Typs (HCO_3-Na), die in der oberen Zone eines Sedimentationsbeckens vorkommen, mit intensivem Wasseraustausch und ungünstigen Bedingungen für die Erhaltung von Erdöl- und Erdgaslagerstätten. Die Wässer werden auf Grund des Verhältnisses $\frac{r\mathrm{Na} - r\mathrm{Cl}}{r\mathrm{SO_4}} > 1$ bestimmt.

b) Wässer des Sulfat-Natrium-Typs bei $\frac{r\mathrm{Na} - r\mathrm{Cl}}{r\mathrm{SO_4}} < 1$.

c) Wässer des Chlorid-Magnesium-Typs (Cl–Mg) bei $\frac{r\mathrm{Cl} - r\mathrm{Na}}{r\mathrm{Mg}} < 1$ kennzeichnen die Übergangszone zwischen intensivem Wasseraustausch und erschwertem Wasseraustausch im tieferen Beckenteil.

d) Wässer des Chlorid-Calcium-Typs (Cl–Ca) bei $\frac{r\mathrm{Cl} - r\mathrm{Na}}{r\mathrm{Mg}} > 1$[1]) kommen in der unteren Zone vor, die am meisten isoliert ist gegenüber der Beeinflussung durch Infiltrationswässer.

Da innerhalb dieses Wassertyps ein großer Unterschied in der chemischen Zusammensetzung zu beobachten ist, unterteilt der Autor zunächst die Wässer des Chlorid-Calcium-Typs in fünf Klassen. Jede Klasse charakterisiert die verschiedenen Beckenverhältnisse in bezug auf die hydrochemische Stabilität des Beckens. Diese Unterteilung bestimmt die Perspektivität für das Auftreten von Kohlenwasserstoffen auf Grund des Metamorphosegrades der Wässer. Unter Perspektivität ist das Vorhandensein der günstigsten Bedingungen für die Erhaltung von Kohlenwasserstofflagerstätten, im Sinne der Isolierung der Beckenablagerungen von den Zonen mit intensivem Wasseraustausch, zu verstehen. Auf die günstigsten Beckenverhältnisse weisen die den Reliktwässern ähnelnden Tiefenwässer mit hohem Metamorphosegrad hin. Diese Bedingungen erfüllen teilweise die Chlorid-Calcium-Wässer mit hohem Metamorphosegrad; gleichzeitig sind in ihnen biophile Elemente konzentriert. Die Wässer vom Chlorid-Calcium-Typ werden in fünf Klassen unterteilt, die die hydrochemische Zonalität des Beckens bestimmen:

Die 1. Klasse Cl–Ca I bei $r\mathrm{Na}:r\mathrm{Cl} > 0{,}85$ charakterisiert die wenig stabile Zone mit einem beträchtlichen Wasseraustausch; sie wird als wenig perspektive Zone für die Erhaltung von Kohlenwasserstofflagerstätten betrachtet.

Die 2. Klasse Cl–Ca II bei $r\mathrm{Na}:r\mathrm{Cl} = 0{,}85$–$0{,}75$ (0,85) charakterisiert die Übergangszone zwischen der wenig stabilen Zone und der stabilen Zone des Sedimentationsbeckens, die allgemein als wenig perspektive Zone betrachtet wird.

Aus: „Przegląd Geologiczny", Nr. 3, S. 112–114 (1969).
Übers.: H. HOCKE, Berlin.
Redaktionell bearbeitet von G. PAPENDIECK, Gommern.

[1]) Im Original nicht als Reaktionswert gekennzeichnet (Red.).

Die 3. Klasse Cl–Ca III bei $rNa:rCl = 0{,}75$ (0,85) bis 0,65 (0,60) charakterisiert die für die Erhaltung von Kohlenwasserstofflagerstätten günstigen Bedingungen; sie wird als durchschnittlich perspektive Zone bezeichnet.

Die 4. Klasse Cl–Ca IV bei $rNa:rCl = 0{,}65$ (0,60) bis 0,50 wird durch eine völlige Isolierung der Ablagerungen sowie durch das Vorhandensein von Reliktwässern charakterisiert; sie wird als perspektive Zone betrachtet.

Die 5. Klasse Cl–Ca V bei $rNa:rCl < 0{,}50$ wird durch das Vorhandensein von Reliktwässern mit hohem Metamorphosegrad charakterisiert. Diese Zone zählt zu den sehr perspektiven Zonen. Zusätzliche Kennziffern der Perspektivität sind:

a) Jod (J) über 1 mg/l,

b) Brom (Br) über 300 mg/l, wobei eine Zunahme von Jod und Brom auf eine Akkumulation von Bitumina hinweisen kann,

c) Verhältnis Cl:Br[2]) unter 350 und

d) Verhältnis $\frac{rSO_4 \cdot 100}{rCl}$ unter 1.

Innerhalb der Chlorid-Calcium-Wässer sind die Grenzen, die die einzelnen perspektiven Zonen verschiedener geologischer Gebiete bestimmen, abhängig vom Grad der hydrochemischen Umwandlungen in geologischer Zeit. Für mesozoische und känozoische Sedimentationsbecken gelten die in Klammern angegebenen Grenzen. So nahm z. B. der Autor für die Peribaltische Syneklise folgendes vereinfachtes Schema der Unterteilung der Chlorid-Calcium-Wässer an:

Klasse I bei $rNa:rCl > 0{,}75$ und einer Konzentration unter 50 g/l charakterisiert die wenig perspektive Zone mit intensivem Wasseraustausch;

Klasse II bei $rNa:rCl > 0{,}75$ und einer Konzentration über 50 g/l verdeutlicht das Auftreten von Wässern mit einem den Salzlösungen ähnelnden Charakter;

Klasse III bei $rNa:rCl < 0{,}75$ ist die am meisten isolierte Zone.

In der angenommenen Klassifikation spielen neben dem Metamorphosegrad Brom und Jod als biophile Elemente eine entscheidende Rolle. Das geht aus der erhöhten Konzentration der biophilen Elemente in den Wässern hervor, die eine Erdöllagerstätte begleiten. Die höchsten Jodgehalte wurden in den Schichtwässern von Śląsk Cieszyński, im Gebiet Krosna am Wisłok, nachgewiesen, wo die zusammen mit dem Erdöl geförderten Schichtwässer bis zu 140 mg/l Jod enthalten.

Brom, das andere biophile Element, ist wegen analytischer Schwierigkeiten bis jetzt nicht bestimmt worden. Zahlreiche Angaben aus dem Gebiet Podkarpacie weisen auf erhöhte Gehalte bis 668 mg/l in den Schichtwässern hin. In der Peribaltischen Syneklise wurden aus den silurischen Kalksteinen ein nichtindustrieller Erdölzufluß und Schichtwasser mit einem Gehalt über 2500 mg/l Brom erhalten. In den Schichtwässern, die eine Erdöl- und Erdgaslagerstätte der Subsudetischen Monoklinale begleiten, tritt Brom in großen Mengen von ca. 5500 mg/l auf. In vielen Wässern, die eine Erdöllagerstätte begleiten, wurden große Mengen Brom und kleinere Mengen Jod und umgekehrt festgestellt, was wahrscheinlich abhängig ist von der Art der bituminösen Substanzen, die in unterschiedlichem Maße die einzelnen biophilen Elemente adsorbieren.

Die Jodkonzentration in den Schichtwässern steht in erster Linie mit der organischen Substanz in Zusammenhang, während die Konzentration von Brom im anorganischen Medium bis zu einer bestimmten Grenze erfolgt. In der Peribaltischen Syneklise beträgt zum Beispiel die größte Bromkonzentration in Kalisalzen ca. 440 mg/kg. Es sind auch Fälle zu verzeichnen,

[2]) Im Original als Br:Cl angegeben (Red.).

Tabelle: Erdöl- und Erdgaslagerstätten begleitende Wässer

a) Geologische Region, b) Bezeichnung der Bohrung	Stratigraphie	Mineralisation in g/l	$\frac{rNa}{rCl}$	$\frac{rSO_4 \times 100}{rCl}$	$\frac{Cl}{Br}$	a) Br b) J mg/l	Wassertyp	Bemerkungen
a) Subsudetische Monoklinale b) Rybaki-15	Zechstein, Hauptdolomit	422,9	0,61	0,10	237	a) 5422 b) 2	Cl-Ca IV	Erkundungsbohrung – Erdöl
a) wie oben b) Nowa Sól-5	Zechstein, Hauptdolomit	384,8	0,40	0,15	318	a) 3571 b) 1	Cl-Ca V	Schichtwasser mit Erdöl
a) wie oben b) Pomorsko-1	Zechstein, Hauptdolomit	157,0	0,65	0,16	–	–	Cl-Ca IV	Erkundungsbohrung – Erdöl
a) wie oben b) Czeklin-1	Zechstein, Hauptdolomit	361,0	0,41	0,11	–	–	Cl-Ca V	Erkundungsbohrung – Erdgas
a) Lubliner Synklinorium b) Komarów IG-1	mittleres und unteres Devon	112,0	0,60	0,55	133	a) 515 b) 6	Cl-Ca IV	Erdgas mit einem Druck von 200 atm
a) wie oben b) Dęblin-7	Karbon, Namur B, C	192,1	0,60	0,04	–	–	Cl-Ca IV	nichtindustrieller Erdölzufluß
a) wie oben b) Niedrzwica IG-1	oberes Devon	80,5	0,29	0,80	–	–	Cl-Ca V	nichtindustrieller Erdölzufluß
a) Peribaltische Syneklise q) Kętrzyn IG-1	Silur	133,0	0,60	0,03	70	a) 2560 b) 1,4	Cl-Ca IV	nichtindustrieller Erdölzufluß

wo diese Konzentration in den Kalisalzen 1000 mg/kg erreicht. Für Wässer außerhalb der Kalisalzlagerstätten ist 300 mg/l Brom als untere Grenze der Perspektivität anzusehen, mit dem Hinweis, daß eine Zunahme von Brom als positive Erscheinung zu werten ist.

Die Richtigkeit der ausgearbeiteten Klassifikation bestätigen zahlreiche Beispiele aus dem Gebiet der Polnischen Tiefebene. In der Tabelle sind einige Bohrungen mit deutlichen Erdöl- und Erdgasanzeichen aufgeführt. Im Gebiet der Subsudetischen Monoklinale enthielten die Bohrungen Rybaki-15 und Pomorsko-1, die Erdöl fördern, ein Chlorid-Calcium-Wasser der Klasse IV, einer sehr perspektiven Zone. Neben den unmittelbaren Anzeichen des Auftretens von Kohlenwasserstoffen wurden sehr hohe Bromgehalte festgestellt, über 5400 mg/l, der höchste in der VR Polen angetroffene Wert. Ähnliche Bohrungen, die Erdgas fördern, befinden sich in der Zone der Chlorid-Calcium-Wässer der Klasse V, mit einem sehr niedrigen Natrium-Chlorid-Faktor (0,41) und mit einer niedrigen Kennziffer für Sulfat (0,11).

Bei der Durchführung intensiver Erkundungsarbeiten in der Polnischen Tiefebene und in anderen Gebieten außerhalb der Subsudetischen Monoklinale wurde ein nichtindustrieller Zufluß von Erdöl im Lubliner Synklinorium in den Bohrungen Dęblin-7 und Niedrzwica IG-1 erhalten. Gerade in diesem Gebiet, wo noch keine Lagerstätten nachgewiesen wurden, erweist sich die vorgenommene hydrochemische Klassifikation als sehr gute Hilfe, da hier die äußerst perspektive Zone mit Chlorid-Calcium-Wässern der Klasse V—IV bei rNa: rCl = 0,60 auf das Vorhandensein von Erdöllagerstätten hinweist. In diesem Gebiet wurde in der Bohrung Komarów IG-1 ein Gaszustrom mit einem Kopfdruck von 200 atm erhalten. Die Gaslagerstätte trat in der perspektiven Zone der Chlorid-Calcium-Wässer der Klasse IV auf. In der Peribaltischen Syneklise tritt das Erdöl in Kętrzyn IG-1 in der Zone der Chlorid-Calcium-Wässer der Klasse IV auf, was auf die großen Perspektiven durch den Nachweis der ersten Kohlenwasserstofflagerstätte in diesem Teil der Polnischen Tiefebene hinweist.

Hieraus geht hervor, daß die Anwendung der genannten Klassifikation bei der Einschätzung des Auftretens von Kohlenwasserstoffen große Bedeutung für die Effektivität der Erkundungsarbeiten haben kann. Ihr Hauptvorzug ist der Nachweis der Zonalität innerhalb des gesamten Sedimentationsbeckens von den känozoischen bis zu den altpaläozoischen Wässern.

Zusammenfassung

Kriterien der Erdölerkundung sind u. a. hydrochemische Kennziffern. Zu diesem Zweck nahm der Autor eine Unterteilung der unterirdischen Wässer nach der Klassifikation von W. A. SULIN vor. Zur Zone des intensiven Wasseraustausches wurden Wässer des HCO_3-Na-Typs und Wässer der Übergangszone des Sulfat-Natrium-Typs (SO_4—Na) und des Chlorid-Magnesium-Typs (Cl—Mg) gerechnet. Die Zone der Wässer des Typs Chlorid-Calcium wurde in fünf Klassen mit einem unterschiedlichen Grad der Perspektivität für Kohlenwasserstofflagerstätten unterteilt. Die Klassen Cl-Ca I und II bei rNa:rCl über 0,75 bestimmen die wenig perspektive Zone; die Klassen Cl-Ca III-V bei rNa:rCl unter 0,75 charakterisieren die perspektive Zone. Sie ist durch Tiefenwässer vertreten, die von den umgebenden Wässern völlig isoliert sind und nach ihrer chemischen Zusammensetzung den Reliktwässern ähneln. Diese Klassifikation zeichnet sich durch große Klarheit und Übereinstimmung mit den Bedingungen der Polnischen Tiefebene aus.

Резюме

Гидрохимические показатели являются одним из критериев поисков на нефть. С этой целью автор проводил подразделение подземных вод в соответствии с классификацией В. А. Сулина. К зоне интенсивного водообмена были отнесены воды типа HCO_3-Na, воды переходной зоны типа SO_4-Na и типа Cl-Mg. Самая низкая, наиболее стабильная зона вод типа хлориднокальциевых растворов подразделяется на пять классов с различной степенью перспективности на месторождения углеводородов. Классы Cl-Ca I и II при rNa:rCl $>$ 0,75 определяют небольшую перспективность этой зоны; классы Cl-Ca III-V при rNa:Cl $<$ 0,75 характеризуют перспективную зону. Она представлена растворами, совершенно изолированными от окружающих вод и по их химическому составу сходными с остаточными водами. Эта классификация отличается большой ясностью и соответствием с условиями Польской низменности.

Summary

One of the criteria of prospection for petroleum are the hydrochemical indexes, for which purpose the subterranean waters were subdivided by the author in accordance with W. A. SULIN's classification. The zone of intense water exchange includes waters of the HCO_3-Na type, as well as waters of the transition zone of the sulphate-sodium type (SO_4-Na) and of the chloride-magnesium type (Cl-Mg). The lowest, most stable zone of waters of the type of chloride-calcium solutions is subdivided into five classes with a different degree of perspectivity for hydrocarbon deposits. The classes Cl-Ca I and II with a rNa:rCl ratio of more than 0.75 determine the low perspectivity of the zone; the classes Cl-Ca III-V with a rNa:rCl ratio of less than 0.75 characterize the perspective zone. It is represented by solutions completely isolated from the surrounding waters, whose chemical composition is similar to that of residual waters. This classification is distinguished by a high obviousness and accordance with conditions prevailing in the Polish lowland.

Literatur

BARS, E. A.: Hydrochemische Kennziffern der Erdölführung und hydrochemische Methoden für Sucharbeiten auf Erdöllagerstätten. — Geologija nefti i gasa, Nr. 8, Moskau 1956.

BOJARSKI, L.: Jod und Brom als hydrochemische Kennziffern für das Auftreten von Kohlenwasserstoffen im Mesozoikum und Paläozoikum Nordpolens. — Kwart. geol., Nr. 1 (1966).

— Hydrochemische Einschätzung der Möglichkeiten des Auftretens von Kohlenwasserstoffen im peribaltischen Teil des Antiklinoriums und des Pommerschen Synklinoriums. — Kwart. geol. (im Druck).

CIMASZEWSKI, L.: Hydrochemische Anomalien der Erdöllagerstätten. — Geol. i geol. naftowa, Nr. 7—9 (1967).

DEPOWSKI, S., J. KRÓLICKA & B. ŁASZCZ: Das Auftreten von Kohlenwasserstoffen in der Polnischen Tiefebene unter dem Gesichtspunkt der Ergebnisse der hydrochemischen Untersuchungen. — Kwart. geol., Nr. 1 (1965).

GUMUŁKA, J.: Charakteristik der Wässer des Hauptdolomits Z — 2 unter dem Gesichtspunkt der Geochemie der Wässer des permischen Gebietes (im Druck).

KROTOWA, W. A.: Hydrogeologische Kriterien der Erdölführung. — Leningrad 1960.

PAZDRO, Z.: Allgemeine Hydrogeologie. — Warschau 1964.

SULIN, W. A.: Hydrogeologie der Erdöllagerstätten. — Gostoptechisdat 1948.

Zeitschrift für angewandte Geologie, Bd. 16 (1970), Heft 3

$^{12}C:^{13}C$-Untersuchungen an Braunkohleinhaltsstoffen

W. FISCHER, Rostock, I. MAASS, Leipzig, & E. SONTAG, Freiberg

1. Einleitung

$^{12}C:^{13}C$-Untersuchungen an petrologisch, chemisch und technologisch charakterisierten Braunkohlen (FISCHER, MAASS, SONTAG & SÜSS 1968) zeigten, daß diese ein sehr breites, inkohlungsmäßig aber kaum differenziertes $\delta^{13}C$-Spektrum aufweisen, was sich teilweise auf fazielle Einflußfaktoren zurückführen ließ. Auf Grund des unterschiedlichen Inkohlungsgrades und der faziellen Einflüsse wiesen die Braunkohlen verschiedene chemische Zusammensetzungen auf, und zwischen diesen und der ^{13}C-Häufigkeit der Braunkohlen ließ sich eine Beziehung ablesen. So zeigte sich unter anderem eine Abnahme der $\delta^{13}C$-Werte mit steigendem Bitumengehalt der Braunkohlen. Isolierte Bitumina besaßen mit +3,40 bis +4,96 ‰ gegenüber den Ausgangskohlen niedrigere $\delta^{13}C$-Werte. Für die Unterschiede in der ^{13}C-Häufigkeit der Bitumina wurde auch wieder die verschiedenartige chemische Zusammensetzung verantwortlich gemacht.

Ferner zeichnete sich ein Einfluß des Xylitgehalts auf die ^{13}C-Häufigkeit ab. Die tieferliegenden Ursachen für die höheren $\delta^{13}C$-Werte der Xylite konnten damals noch nicht aufgedeckt werden. Gezielter angesetzte und detaillierte Untersuchungen ergaben inzwischen eine gewisse Aufklärung. Die Verteilung der Kohlenstoffisotope in anderen weiteren Kohleinhaltsstoffen bedurfte ebenfalls noch ergänzender Analysen. Die nachfolgend erläuterten Untersuchungen sollen einen tieferen Einblick in die erwähnten Zusammenhänge gewähren.

Die massenspektrometrische Isotopenanalyse am Verbrennungs-CO_2 erfolgte mit einem Atlas M 86, 180°-Massenspektrometer, ausgerüstet mit einem Doppelauffängersystem. Die Variationen in der isotopen Zusammensetzung sind in $\delta^{13}C$-Werten (‰) wiedergegeben. Der Fehler der Messung und der Probenvorbereitung liegt bei ±0,12 ‰ (GEISSLER & MAASS 1968). Als Arbeitsstandard diente *n*-Decan, der vom PDB-Standard nach CRAIG um −31,19 ‰[1]) abweicht.

2. Diskussion der Untersuchungsergebnisse

2.1. Bitumina und Bituminafraktionen

Aus je einer Braunkohle der Tagebaue Harbke und Schleenhain, die dem Lithotyp Bitumenkohle [nach neuerer Nomenklatur Gelbe Kohle (SÜSS & SONTAG 1966)] angehören, wurden sowohl mit Benzol-Äthanol (1:1) als auch mit Benzol die Bitumina extrahiert. Diese wurden mit Hilfe von Methanol jeweils in eine Wachs- und eine Harzfraktion getrennt. Tab. 1 enthält die $\delta^{13}C$-Werte, die Ausbeuten sowie Kohlenstoff- und Wasserstoffgehalte der Fraktionen.

Eingang des Manuskripts in der Redaktion: 17. 11. 1969

[1]) Siehe auch: K.-P. DOSTAL: Zum Standardproblem bei der Präzisionsisotopenanalyse des Kohlenstoffs für isotopengeochemische Untersuchungen; (dieses Heft, S. 130).

Die $\delta^{13}C$-Werte der Benzol-Äthanol-Bitumina liegen, wie bereits bei anderen Braunkohlen beschrieben (FISCHER, MAASS, SONTAG & SÜSS 1968), um etwa 1,8 bzw. 1,3 ‰ niedriger als die der Ausgangskohlen.

Die aus den Bitumina beider Kohlen isolierten Harzfraktionen unterscheiden sich kaum im $\delta^{13}C$-Wert, doch übersteigen diese Werte die der Gesamtbitumina um etwa 1 ‰.

Auch die Wachsfraktionen aus beiden Kohleproben besitzen nahezu übereinstimmende, aber niedrigere ^{13}C-Häufigkeiten. Extrahiert man die Bitumina nur mit Benzol, so erhält man geringere Ausbeuten, weil harzartige und humusartige Substanzen fehlen, die bei der Extraktion mit Benzol-Äthanol durch den Äthanolanteil gelöst werden. Die andersartige chemische Zusammensetzung der Benzolbitumina ist der Grund dafür, daß die $\delta^{13}C$-Werte der Benzolbitumina jeweils etwas niedriger als die der Benzol-Äthanol-Bitumina liegen. Die erläuterten Sachverhalte führen u. a. auch zu einem besseren Verständnis der zunächst außergewöhnlich erscheinenden $\delta^{13}C$-Werte von Bitumina aus Xyliten (Tab. 2), die mit +3,62 bis +6,62 ‰ für diese Fraktion relativ hoch liegen. Die Xylite enthalten bekanntlich verhältnismäßig wenig Bitumen, und die Extrakte enthalten vorwiegend harzartige Bestandteile. Die Isotopenverhältnisse der Bitumina aus Xyliten tendieren folglich zu denen der Harzfraktionen von Braunkohlen.

Die schwächer destruierten und zersetzten Xylite vom Typ X_1 bis X_3 sind dementsprechend durch größere ^{13}C-Häufigkeit der Bitumina ausgezeichnet als die vom Typ X_4 und X_5.

Die dargelegten Ergebnisse stimmen damit überein, daß bei Pflanzenmaterial die jeweils niedrigsten $\delta^{13}C$-Werte an den „lipid"-Fraktionen (in $CHCl_3$ lösliche Substanzen) gemessen worden sind (PARK & EPSTEIN 1961) und daß für die Werte verschiedenartiger Pflanzen teilweise erhebliche Differenzen zu verzeichnen sind.

Gelegentlich werden in Braunkohlenflözen pflanzenwachsreiche und harzartige Ablagerungen festgestellt, welche die Braunkohlenpetrologie als Pyropissite (STACH 1928) bzw. Retinite bezeichnet. Je eine solcher Substanzen standen zur Verfügung. Die gemessenen $\delta^{13}C$-Werte von +5,45 und +8,42 ‰ liegen wesentlich höher als die der Bitumina und der Harzfraktionen aus Braunkohlen. Sie liegen mit den Bitumina aus Xyliten in einem Bereich bzw. noch höher. Während der Retinit zu ca. 79% in Benzol-Äthanol löslich war und damit in der Löslichkeit, aber auch im Kohlenstoff- und Wasserstoffgehalt dem Bitumen entspricht, konnten nur 21% der pyropissitreichen Substanz gelöst werden. Dessen Kohlenstoffgehalt war für eine bitumenartige Substanz viel zu gering. Die beiden von der Natur bereitgestellten und gleichsam „fraktionierten Braunkohlengemengteile", die uns zur Verfügung standen, lieferten insofern nur bedingt die angestrebte Bestätigung der Untersuchungsergebnisse von chemisch isolierten Braunkohlenbitumina.

Tab. 1. $\delta^{13}C$-Werte*, Ausbeuten und C-, H-Werte von Braunkohle- und Torfinhaltsstoffen

	Braunkohle Harbke				Braunkohle Schleenhain				Hartbraunkohle	Xylit Nr. 18	Niedermoortorf
	Ausbeute	$\delta^{13}C$	C	H	Ausbeute	$\delta^{13}C$	C	H	$\delta^{13}C$	$\delta^{13}C$	$\delta^{13}C$
	%	‰	%	%	%	‰	%	%	‰	‰	‰
Kohle bzw. Torf	–	+5,15	63,40	5,78	–	+4,84	64,27	6,59	+3,57	+6,44	+3,92
Benzol-Äthanol-Bitumen	17,78	+3,34	74,82	10,43	29,46	+3,60	73,77	10,19		+3,62	
Wachsfraktion	60,68	+2,99	73,36	10,75	72,79	+3,12	73,94	10,99			
Harzfraktion	40,68	+4,33	75,53	9,21	24,53	+4,57	75,49	9,52			
Benzol-Bitumen	10,66	+3,01	76,75	11,30	13,95	+3,32	76,31	11,39			
Wachsfraktion	68,49	+2,72	70,31	11,61	81,78	+3,23	75,43	11,30			
Harzfraktion	29,78	+4,07	77,75	9,47	15,31	+4,23	77,10	9,86			
Rückstand der Huminsäureextraktion	–	+3,91	59,93	9,20	–	+3,95	59,40	9,77	+2,73	+6,44	+3,92
Humine	3,6	+4,47	57,12	6,65	–	–	–	–			
Huminsäuren	47,2	+5,32	62,21	5,20	58,8	+4,99	65,18	6,61	+3,48	+6,25	+3,77
Hymatomelansäuren	19,9	+5,11	60,33	5,89	44,1	+4,78	67,64	7,15			
Humussäuren	78,6	+5,64	63,86	4,97	55,0	+5,36	65,96	5,53			

* Mit Hilfe der Isotopenbilanzgleichung konnte eine gute Übereinstimmung zwischen den an den Fraktionen berechneten und gemessenen $\delta^{13}C$-Werten beobachtet werden; dies beweist die einwandfreie Arbeitsweise sowohl der eingesetzten chemischen Isolierungs- und probenchemischen Umarbeitungsverfahren als auch der massenspektrometrischen Messungen.

Tab. 2. $\delta^{13}C$-Werte, Ausbeuten und C-, H-Werte von Xylitinhaltsstoffen

Xylit Nr.	Typ	$\delta^{13}C$	Bitumen		Zellulose			Hydrolyserückstand	% der *wf* Zellulose	
			Ausbeute	$\delta^{13}C$	Gehalt durch Hydrol.	isoliert nach (12)	$\delta^{13}C$	$\delta^{13}C$	Kohlenstoff	Wasserstoff
		‰	%	‰	%	%	‰	‰		
2	X_1	+8,94	8,36	+6,62	14,54	21,9	+12,03	+8,37	42,27	6,64
1	X_1	+8,56	11,62	+6,22	26,72	–	–	–	–	–
5	X_2	+9,40	7,11	+5,62	36,12	53,4	+11,62	+7,43	42,01	6,53
7	X_{2-3}	+9,73	2,47	+6,47	29,07	46,7	+12,28	+7,94	42,65	7,08
16	X_3	+9,99	2,34	+6,33	35,58	50,4	+12,48	+7,82	42,24	6,54
14	X_4	+6,44	3,86	+3,62	2,85	7,5	+ 9,85	+6,17	42,75	7,12
18	X_5	+5,20	4,97	+4,76	1,30	4,0	+ 8,85	+5,04	43,15	6,67

Der theoretische Wert für Zellulose berechnet sich zu C = 44,44% und H = 6,22%.

2.2. Humusfraktionen

Von den beiden Braunkohlen, die zur Untersuchung der Bitumenfraktionen verwandt worden waren, wurden außerdem nach einem Schema von SOUCI (1938) mehrere Humusfraktionen isoliert und deren ^{13}C-Häufigkeiten ermittelt (Tab. 1).

Die Huminsäuren, die mit 0,5%iger NaOH bei Zimmertemperatur gelöst und nach dem Abzentrifugieren des Rückstandes mit HCl gefällt worden waren, weisen die gleiche isotope Zusammensetzung wie die Ausgangskohlen auf, während die anfallenden Rückstände gegenüber diesen eine Abreicherung an ^{13}C um etwa 1 ‰ zeigen. Dies ist auf das Fehlen der ^{13}C-reicheren Huminsäuren und auf die relative Anreicherung an Bitumina, die durch niedrigere $\delta^{13}C$-Werte ausgezeichnet sind, zurückzuführen.

Durch eine 96stündige Reaktion mit Azetylbromid erhält man gemäß dem Schema von SOUCI (1938) aus dem Rückstand der Huminsäureextraktion als unlösliche Fraktion die Humine. Da die Ligninbestandteile und auch die Bitumina dabei herausgelöst werden, zeigte sich mit +4,47 ‰ der erwartete Anstieg in der ^{13}C-Häufigkeit der Humine gegenüber dem Rückstand der Huminsäureextraktion. Der Wert der Ausgangskohle wird jedoch nicht erreicht und erst recht nicht der Wert der Huminsäuren. Die ^{13}C-Häufigkeit der Kohleinhaltsstoffe nimmt damit in der Reihenfolge Bitumina, Humine, Huminsäuren zu.

Nach den Inkohlungstheorien sind die Humine die am stärksten inkohlten Bestandteile (LISSNER & THAU 1956) und sollten auf Grund der ansteigenden $\delta^{13}C$-Werte mit zunehmender Inkohlung (FISCHER, MAASS, SONTAG & SÜSS 1968) am stärksten an ^{13}C angereichert sein. So wurden bei den fast restlos aus Huminen bestehenden Steinkohlen Werte von ca. +9,0 bis +10,0 ‰ (FISCHER, MAASS, SONTAG & SÜSS 1968) gemessen. Bei anderweitigen chemischen Untersuchungen (FISCHER, SCHLUNGBAUM & BELAU 1966; SCHLUNGBAUM, FISCHER & BELAU 1967) konnte aber bereits beobachtet werden, daß Humine aus Braunkohlen und Steinkohlen nicht identisch sind und daß die Humine der Braunkohlen in der Inkohlungsreihe vor den Huminsäuren einzuordnen sind. Damit stehen auch die Isotopenverhältnisse der beiden Fraktionen im Einklang.

Die Fraktionierung der Huminsäuren mit Äthanol in die löslichen Hymatomelansäuren und die unlöslichen

Humussäuren lehrt, daß bei den Humussäuren mit +5,36 bzw. +5,64 ‰ die größte ^{13}C-Anreicherung zu verzeichnen ist. Die $\delta^{13}C$-Werte der Hymatomelansäuren tendieren erwartungsgemäß zu denen der Harzfraktionen, denn Ausbeuteunterschiede bei differenzierten Fraktionierungen (BELAU, FISCHER & SCHLUNGBAUM 1968) und IR-Spektren derartiger Fraktionen (PREU, FISCHER, BELAU & SCHLUNGBAUM 1965) hatten bereits gezeigt, daß die Hymatomelansäuren die Humusbestandteile darstellen, die den Bitumina und speziell den Harzbestandteilen ähnlich sind.

Tab. 1 enthält außerdem noch die $\delta^{13}C$-Werte einer älteren Braunkohle (Hartbraunkohle) aus Horati (SR Rumänien), eines stark zersetzten Xylits vom Typ X_5 und eines Niedermoortorfes sowie der daraus isolierten Huminsäuren und Rückstände der Huminsäureextraktionen. Damit soll demonstriert werden, in welchem Bereich die ^{13}C-Häufigkeit derartiger Fraktionen variiert.

Der Torf besitzt mit +3,92 ‰ einen niedrigen Wert, der seiner Stellung am Anfang der Inkohlungsreihe entspricht. Die Umrechnung dieses Wertes auf den PDB-Standard ergibt $\delta^{13}C = -27{,}39$ ‰ und zeigt eine gute Übereinstimmung mit den Feststellungen von STAHL (1968), der bei 28 Niedermoortorfen einen Mittelwert von −28,6 ‰ und einen Streubereich von −26,0 bis −31,0 ‰ feststellte. STAHL vermutet, die Erklärung für den Streubereich in verschiedenen Anteilen isotopisch unterschiedlicher Torfbestandteile finden zu können. Unsere Ergebnisse an den Inhaltsstoffen des älteren Kaustobioliths Braunkohle beweisen die Richtigkeit dieser Hypothese. Die aus dem Torf isolierte Huminsäure (Tab. 1) setzt sich von den Huminsäuren aus Braunkohlen ebenfalls durch einen niedrigen Wert ab. Als Ursache dafür muß neben dem geringeren Inkohlungsgrad berücksichtigt werden, daß die Torfhuminsäuren relativ viel Hymatomelansäuren enthalten, die nach den Ergebnissen an gleichartigen Braunkohlenfraktionen geringere Anteile an ^{13}C enthalten. Der Xylit bildet das andere Extrem bei den $\delta^{13}C$-Werten der untersuchten Huminsäuren, obwohl er nach den Torfen ebenfalls am Anfang der Inkohlungsreihe einzuordnen ist. Als Erklärung kann zunächst nur die Vermutung geäußert werden, daß der Grund im andersartigen Pflanzenmaterial zu suchen ist. Der Xylit spiegelt einen bestimmten Pflanzenteil wider, während der Torf die Summe vieler zersetzter Pflanzen darstellt. Das Bitumen aus dem Xylit stimmt bezüglich der ^{13}C-Häufigkeit mit den entsprechenden Braunkohlenfraktionen überein.

Auch die für eine Hartbraunkohle sehr niedrigen Werte können noch nicht erklärt werden.

Die verschiedenen Braunkohlelithotypen enthalten wechselnde Mengen strukturloser, homogener Substanzen, sogenannter Gele bzw. Gelinite, früher auch als Dopplerite bezeichnet (SONTAG 1967). Teilweise kann man diese Gefügebestandteile bzw. Kohlegemengteile unter dem Mikroskop auslesen, in einzelnen Fällen sind sie bereits mit bloßem Auge im Flöz deutlich erkennbar und auszuhalten. Durch Migration von sogenannten „Schwarzwässern" und nachfolgender Ausfällung sind Anreicherung und Ablagerung von petrographisch reinen Gelen erfolgt. Nach der chemischen Nomenklatur sollten es Huminsäuren sein. Sieben derartige Substanzen aus verschiedenen Lagerstätten standen zur Verfügung (Tab. 3). Die ^{13}C-Werte liegen zwischen +5,75 und +6,26 ‰, wenn man zunächst die Gelsubstanz xylitischen Ursprungs (Probe 7) unberücksichtigt läßt. Es ergibt sich eine gute Übereinstimmung mit den Werten der Huminsäurefraktionen, die aus den Braunkohlen isoliert worden waren. Die Gele waren mit Ausnahme der Probe 3 auch nahezu vollständig in Natronlauge löslich und mit Salzsäure fällbar, also Huminsäuren. In der Gelprobe xylitischen Ursprungs ($\delta^{13}C = +6{,}86$ ‰) ist im Vergleich zu den anderen Gelen das schwerere Kohlenstoffisotop angereichert, es bestehen demnach die gleichen Verhältnisse wie zwischen Braunkohlen und Xylit (FISCHER, MAASS, SONTAG & SÜSS 1968) sowie zwischen Huminsäurefraktionen aus Braunkohlen und Xylit (Tab. 1). Diese Gelsubstanz xylitischen Ursprungs (Probe 7) besteht nur zu ca. 11% aus Huminsäuren und bildet auch insofern eine Ausnahme.

Am Beispiel zweier Gele konnte nachgewiesen werden, daß bei der Isolierung der Huminsäuren diese hierdurch keine Veränderung in der isotopen Zusammensetzung erfahren. Nach dem Lösen der Gele mit Natronlauge und Fällen mit Salzsäure werden die gleichen $\delta^{13}C$-Werte gemessen wie am eingesetzten Gel. Die chemisch isolierten Huminsäurefraktionen stimmen in der ^{13}C-Häufigkeit gut mit den entsprechenden natürlichen Gefügebestandteilen der Braunkohlen überein, was bei den Bitumina nicht der Fall war.

Tab. 3. $\delta^{13}C$-Werte und chemische Kenngrößen von Braunkohlegelen

Herkunft der Probe	$\delta^{13}C$ ‰	Asche %	C %	H %	Huminsäuren %
1. Gelinit aus niederrheinischer Braunkohle/7401	+6,06	6,84	61,51	3,75	100,0
2. Gelinit aus niederrheinischer Braunkohle	+5,95	6,99	62,97	3,62	100,0
3. Gelinit aus niederrheinischer Braunkohle, Frechen	+5,81	5,71	61,90	4,04	57,8
4. Kluftgel Tagebau Schleenhain (unter Mikroskop ausgelesen)	+5,96	9,48	60,65	3,77	94,7
5. Kluftgel Tagebau Schleenhain, Flöz II	+5,75	10,53	60,96	4,23	78,8
6. Gelinit Tagebau Harbke (unter Mikroskop ausgelesen)	+6,26	10,45	59,77	3,94	87,4
7. Völlig vergelter Xylit, Tagebau Olbersdorf (nur mikroskopisch als Xylit zu identifizieren)	+6,86	4,47	60,80	4,95	11,2

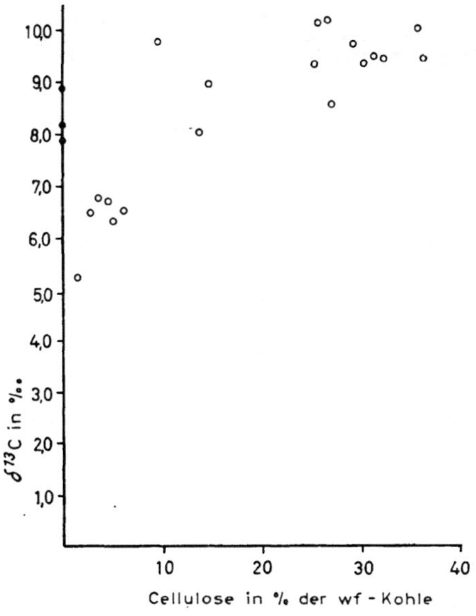

Abb. Beziehung zwischen Zellulosegehalt und ^{13}C-Häufigkeit von Xyliten

2.3. Zellulose

Auf der Suche nach einer Erklärung für die höheren $\delta^{13}C$-Werte der Xylite im Verhältnis zu den Braunkohlen (FISCHER, MAASS, SONTAG & SÜSS 1968) mußte u. a. die Zellulose Berücksichtigung finden, weil bekannt ist, daß Xylite davon noch beträchtliche Mengen enthalten können. In Anbetracht dessen wurden 22 Xylitproben aus verschiedenen Lagerstätten und verschiedenen Destruktionsgrades (SÜSS 1959) analysiert. (Darüber soll an anderer Stelle noch ausführlicher berichtet werden.) Dabei zeigte sich, daß mit zunehmendem Zellulosegehalt die $\delta^{13}C$-Werte der Xylite zunehmen (Abb.). Der Zellulosegehalt wurde durch Bestimmung der reduzierenden Substanzen mit FEHLINGscher Lösung nach Hydrolyse mit 80%iger Schwefelsäure ermittelt.

Von einigen ausgewählten Xyliten wurde die Zellulose nach NORMAN & JENKINS isoliert, d. h., durch mehrfache abwechselnde Reaktion mit Natriumhypochlorit und Natriumsulfit wurden die Begleitsubstanzen abgetrennt. Die $\delta^{13}C$-Werte der isolierten Zellulosen (Tab. 2) variieren zwischen +8,85 und +12,48‰ und liegen außerordentlich hoch. PARK & EPSTEIN (1961) geben, allerdings für eine auf andere Weise aus Tomatenpflanzen isolierte Zellulose, Werte von —23,6 und —25,1‰ an (bezogen auf PDB-Standard), die mit unseren gut übereinstimmen.

Hierbei ergeben sich Werte von < 10‰ für die Zellulosen aus stark destruierten Xyliten vom Typ X_4 und X_5, die nur noch wenig Zellulose enthalten. Diese Xylite selbst weisen daher nur relativ niedrige $\delta^{13}C$-Werte auf. Beim Abbau der Zellulosen werden demnach die Anteile mit dem schwereren Kohlenstoffisotop bevorzugt abgebaut.

Diese Annahme steht im Einklang mit Untersuchungen von HUNT u. a. (1967), WILLIAMS (1968) und DEGENS u. a. (1968), die feststellten, daß die biochemisch weniger stabilen Hemizellulosen ^{13}C-reicher sind als die Zellulosen und untereinander eine erhebliche Variationsbreite in der ^{13}C-Häufigkeit aufzeigen können.

Zur Kontrolle wurden noch die Isotopenverhältnisse der Hydrolysenrückstände gemessen, also der Xylite, aus denen durch Reaktion mit 80%iger H_2SO_4 die Zellulose entfernt worden war. Diese Werte liegen zwischen +5,04 und +8,37‰. Sie tendieren stark zu den Ergebnissen an Braunkohlen und sind bei den zellulosereichen Proben gegenüber dem unbehandelten Xylit um ca. 2‰ niedriger. Es muß außerdem bedacht werden, daß vor der Hydrolyse die Bitumina mit den relativ niedrigen Isotopenverhältnissen (Tab. 2, Spalte 5) extrahiert worden sind und im Hydrolysenrückstand fehlen. Sonst würde die ^{13}C-Häufigkeit für die Hydrolysenrückstände noch kleiner ausfallen und sich derjenigen der Braunkohlen noch stärker nähern. Das soll am Beispiel zweier Torfproben demonstriert werden. Die Isotopenverhältnisse sind allerdings aus den bereits genannten Gründen grundsätzlich kleiner. Durch die Bitumenextraktion steigt der $\delta^{13}C$-Wert eines Niedermoortorfes von +3,92 auf +4,21‰ im entbituminierten Torf, also um 0,3‰ an. Durch die Hydrolyse nimmt er dann bis auf +3,57‰ ab. Wäre das Bitumen im Hydrolysenrückstand noch enthalten, würde der Wert noch niedriger ausfallen.

Bei einem Hochmoortorf lauten die entsprechenden gemessenen Werte +6,76 bzw. +7,16 und +4,05‰.

Der Hochmoortorf besitzt also gegenüber dem Niedermoortorf eine um 2,8‰ größere ^{13}C-Häufigkeit, was mit den Angaben von STAHL (1968) übereinstimmt. Der Schwerpunkt der von STAHL untersuchten 25 Hochmoortorfe unterscheidet sich ebenfalls um 2,6‰ vom Schwerpunkt der untersuchten 28 Niedermoortorfe. Die Differenz zwischen den $\delta^{13}C$-Werten der von uns untersuchten Hydrolysenrückstände von Hoch- und Niedermoortorf beträgt aber nur noch ca. 0,5‰. Dies zeigt, daß durch die Abtrennung der Zellulose die Unterschiede in der ^{13}C-Häufigkeit stark reduziert werden. Damit ist ein weiterer Beweis für die Hypothese von STAHL erbracht, daß die Unterschiede in der isotopen Zusammensetzung durch verschiedene Anteile isotopisch unterschiedlicher Torfbestandteile bedingt sind.

Bei den Xyliten bilden nach den dargelegten Ergebnissen die Zelluloseanteile eine wesentliche Ursache für die ^{13}C-Anreicherung der Xylite im Vergleich zu den Braunkohlen.

Zusammenfassung

Die vorliegenden Ergebnisse zeigen, daß zwischen den $\delta^{13}C$-Werten verschiedenartiger Braunkohleinhaltsstoffe charakteristische Unterschiede existieren. Die Wachsfraktionen der Bitumina besitzen z. B. die geringsten, die Zellulose dagegen die größten ^{13}C-Häufigkeiten. Die Werte für jeweils eine Fraktion aus verschiedenen Proben variieren in einem Bereich, der vom Inkohlungsgrad und vom Pflanzenmaterial beeinflußt wird. Naturprodukte, die bestimmten chemisch isolierten Fraktionen entsprechen, liefern weitestgehend gleichartige Ergebnisse.

Die ^{13}C-Häufigkeit von Braunkohlen, Xyliten und Torfen ist folglich auch von den prozentualen Anteilen organischer Stoffgruppen abhängig und somit von faziellen Unterschieden bei der Genese der Kaustobiolithe.

Резюме

Полученные результаты обнаруживают характерные различия данных $\delta^{13}C$ различных компонентов бурых углей. Восковые фракции битумов, например, отличаются наименьшей, целлюлоза наибольшими значениями ^{13}C. Значения внутри одной фракции из различных образцов колеблются в зависимости от степени углефикации и растительного материала. Природные продукты, соответствующие определенным, выделенным химической обработкой, фракциям, дают в большой мере сходные значения.

Следовательно, количество ^{13}C в бурых углях, ксилитах и торфах зависит также от процентуальных долей групп органического вещества и, тем самым, от фациальных различий при генезисе каустобиолитов.

Summary

Results show that characteristic differences exist between the $\delta^{13}C$ values of different substances of brown coals. ^{13}C abundances are lowest, for example, for the wax fractions of bitumens, and are highest for cellulose. The values for one fraction each of various samples vary with in a range influenced by the degree of coalification and plant material. Homogeneous results are widely furnished by natural products corresponding to definite fractions isolated chemically.

It follows that the ^{13}C abundance of brown coals, xylites and peats also depends on the percentages of groups of organic substances and, therefore, on the differences of facies in the genesis of caustobioliths.

Literatur

BELAU, L., W. FISCHER & G. SCHLUNGBAUM: Chemische Untersuchungen von Braunkohlen aus Vorkommen in der DDR. XII. Differenzierte Fraktionierung von Braunkohlen. – Freiberger Forsch.-H., A 405, 45–61 (1968).

DEGENS, E. T., M. BEHRENDT, B. GOTTHARDT & E. REPPMANN: Metabolic fractionation of carbon isotopes in marine plancton. II. Data on samples collected off the coast of Peru and Ecuador. – Deep Sea Research, 15, 11–20 (1968).

FISCHER, W., G. SCHLUNGBAUM & L. BELAU: Chemische Untersuchungen von Braunkohlen aus Vorkommen in der DDR. VII. Organische Stoffgruppen und funktionelle Sauerstoffgruppen westelbischer Braunkohle-Lithotypen aus dem Tagebau Lochau. – Freiberger Forsch.-H., A 360, 39–64 (1966).

FISCHER, W., I. MAASS, E. SONTAG & M. SÜSS: $^{12}C/^{13}C$-Untersuchungen an petrologisch, chemisch und technologisch charakterisierten Braunkohleproben. – Z. angew. Geol., 14, 4, 182–187, Berlin 1968.

GEISSLER, CHR., & I. MAASS: Verfahren zur Umarbeitung geologischer Proben für die massenpektrometrische Isotopenanalyse am Kohlenstoff. – Isotopenpraxis, 4, 7, 280–282 (1968).

HUNT, J. M., & E. T. DEGENS: Carbon isotope fractionation in living and fossil organic matter. – Studia biophysica, 4, 179–190 (1967).

LISSNER, A., & A. THAU: Die Chemie der Braunkohle, Band I. – VEB Wilhelm Knapp-Verlag, Halle (Saale) 1956.

PARK, R., & S. EPSTEIN: Metabolic fractionation of ^{13}C and ^{12}C in plants. – Plant Physiology, 36, 133–138 (1961).

PREU, E., W. FISCHER, L. BELAU & G. SCHLUNGBAUM: Chemische Untersuchungen von Braunkohlen aus Vorkommen in der DDR. X. CH_2-Schwingungsbanden in IR-Spektren von Kohlen und Kohlefraktionen. – Z. Chemie, 5, S. 189 (1965).

SCHLUNGBAUM, G., W. FISCHER & L. BELAU: Chemische Untersuchungen von Braunkohlen aus Vorkommen in der DDR. XV. Zur Kennzeichnung von Braunkohlen-Lithotypen durch ihre Oxydierbarkeit. – Bergbautechnik, 17, 129–133 (1967).

SIEBER, R.: Die Chemisch-Technischen Untersuchungsmethoden der Zellstoff- und Papierindustrie. – 2. Auflage, S. 121, Springer-Verl., Berlin, Göttingen, Heidelberg 1951.

SONTAG, E.: Beitrag zur Kennzeichnung des Gelinits in Braunkohlen. – Bergbautechnik, 17, 395–399 (1967).

SOUCI, S. W.: Die Chemie des Moores. – Ferdinand Enke Verlag, Stuttgart 1938.

STACH, E.: Kohlenpetrographisches Praktikum 1928.

STAHL, W.: Die Verteilung der $^{13}C/^{12}C$-Isotopenverhältnisse von Torf, Holz und Holzkohle. – Brennstoff-Chemie, 49, 69–73 (1968).

SÜSS, M.: Zur Petrographie des Xylits. – Freiberger Forsch.-H., A 148, 14–33 (1959).

SÜSS, M., & E. SONTAG: Beitrag zur petrographischen Nomenklatur und Systematik von Weichbraunkohlen. – Bergbautechnik, 16, 186–190 (1966).

WILLIAMS, P. M.: Stable carbon isotopes in the dissolved organic matter of the sea. – Nature, 219, 152–153 (1968).

Zum Standardproblem bei der Präzisionsisotopenanalyse des Kohlenstoffs für isotopengeochemische Untersuchungen

KARL-PETER DOSTAL, Leipzig

Die natürlichen Variationen des Verhältnisses der beiden stabilen Kohlenstoffisotope ^{12}C und ^{13}C werden in zunehmendem Maße zur Klärung zahlreicher geochemischer und geologischer Probleme herangezogen. Dabei ist es notwendig, extrem geringe Variationen im Isotopenverhältnis genau zu erfassen.

Die einzige Methode zur präzisen Ermittlung von Isotopen-Feinvariationen ist das massenspektrometrische Kompensationsverfahren. Es unterscheidet sich von der gewöhnlichen massenspektrometrischen Analyse (Einzelauffängermessung) in drei Besonderheiten:[1])

1. Die Zweistrahlmethode mit einem Doppelauffänger verringert die unregelmäßigen Meßfehler, die bei der Einzelauffängermessung in der Größenordnung der Feinvariationen liegen.

2. Systematische Meßfehler lassen sich durch mehrmaligen Vergleich des Probensignals mit dem Signal einer Probe bekannter isotoper Zusammensetzung (Standard, Leitprobe, siehe unten) klein halten.

3. Die beiden den interessierenden Isotopen entsprechenden Ionenströme werden einer Kompensationsschaltung zugeführt. Das von der Registriereinrichtung geschriebene Signal ist unter gewissen Voraussetzungen der relativen Abweichung des Isotopenverhältnisses der Probe vom Isotopenverhältnis der Leitprobe, dem sogenannten δ-Wert, proportional.

Der δ-Wert ist durch die Gleichung

$$\delta^{13}C = \frac{R_{\text{Probe}} - R_{\text{Leitprobe}}}{R_{\text{Leitprobe}}} \tag{1}$$

definiert, wobei R das Verhältnis der Häufigkeit des ^{13}C zur Häufigkeit des ^{12}C bedeutet. Er wird gewöhnlich in Promille ($^0/_{00}$) angegeben.

Die massenspektrometrische Analyse erfolgt am Kohlendioxid, daher ist in den meisten Fällen eine Umarbeitung des zu analysierenden anorganischen oder organischen Materials in CO_2 erforderlich.

Bei Präzisions-Isotopenanalysen gibt es vier Gruppen von Fehlerquellen:

1. Isotopenfraktionierungen bei der probenchemischen Umarbeitung,

---

Eingang des Manuskripts in der Redaktion: 18. 11. 1969.

[1]) Eine ausführliche Beschreibung der Präzisionsisotopenanalyse des Kohlenstoffs wird in einem der folgenden Hefte dieser Zeitschrift gegeben.

2. Meßwertverfälschungen bei der eigentlichen massenspektrometrischen Messung,
3. Berechnungsfehler,
4. Unsicherheit der verwendeten Leitprobe.

Einige mit der Leitprobe zusammenhängende Fragen werden im folgenden erörtert.

Zur Eliminierung systematischer Fehler bei der massenspektrometrischen Isotopenanalyse eignen sich künstliche Eichproben, die sorgfältig aus monoisotopem Material gemischt sind. Man könnte mit diesen das Massenspektrometer eichen und genaue absolute Häufigkeitsbestimmungen ausführen. Die Herstellung derartiger Eichsubstanzen ist aber langwierig und kostspielig, so daß ein solches Verfahren routinemäßig nicht in Frage kommt. Zudem interessieren im allgemeinen die relativen Unterschiede in den Isotopenverhältnissen mehr, als absolut richtige Verhältniswerte. Deshalb ist die leitprobengebundene Analyse die geeignete Arbeitsmethode, wobei die Leitproben an eine Absolutbestimmung angeschlossen sein müssen.

Die gegenwärtige Situation entwickelte sich wie folgt:

Auf Grund instrumenteller Verbesserungen der Massenspektrometer durch Nier (1947), Nier, Ney & Inghram (1947) und McKinney, McCrea, Epstein, Allen & Urey (1950) konnte die Reproduzierbarkeit der massenspektrometrischen Messungen wesentlich gesteigert werden. 1950 eichte Nier zwei seiner Geräte mit künstlichen Standards und analysierte einige Substanzen sehr genau, darunter eine Probe von Solnhofener Kalkstein (Nier 1950). Craig (1957) bestimmte sorgfältig das Isotopenverhältnis des Belemniten PDB Chicago durch Differenzmessung, wobei er den von Nier absolut gemessenen Solnhofener Kalkstein als Leitprobe benutzte. Der PDB-Chicago-Belemnit ist neben anderen ein internationaler Standard. 1957 gab es bereits sieben international verwendete „Standards" (Craig 1957). Heute hat jedes Laboratorium eigene Leitproben, deren δ-Werte gegen PDB Chicago zwar bekannt sind, aber nicht immer direkt gegen PDB bestimmt wurden.

Wegen der großen Anzahl der in den verschiedenen Laboratorien verwendeten Leitproben halten wir die Bezeichnungen „Standard" und „Arbeits-Standard" im allgemeinen für ungerechtfertigt und bevorzugen deshalb den aus der Spektroskopie entlehnten Begriff „Leitprobe".

Die δ-Werte der Proben lassen sich bei Verwendung des gleichen Massenspektrometers und der gleichen Leitprobe mit hoher Genauigkeit ermitteln, sind aber nicht ganz frei von systematischen Fehlern. Mit wachsendem Betrag des δ-Wertes nehmen die systematischen Fehler zu. Deshalb verwenden viele Laboratorien wegen der verhältnismäßig großen natürlichen Variationsbreite des ^{12}C:^{13}C-Verhältnisses mehrere Leitproben.

Am Institut für stabile Isotope (ISI), Leipzig, wurden für Kohlenstoff drei Leitproben benutzt, deren δ-Werte gegen PDB Chicago in Tab. 1 zusammengestellt sind.

Die Genauigkeit der einzelnen Messungen relativer Isotopenverhältnisse ist vielfach besser als $0{,}1^0/_{00}$. Die Streuungen bei Analysenvergleichen verschiedener Laboratorien sind jedoch z. T. weitaus größer, wie die folgenden Beispiele zeigen.

Tabelle 1

Leitprobe	$\delta^{13}C$ in $^0/_{00}$	$\delta^{18}O$ in $^0/_{00}$	wird benutzt zur Messung von
CO_2			Karbonaten
aus Rübeländer Stringozephalenkalk	+ 2,0	− 6,7	CO_2 aus Erdgasen
Trockeneis	−26,8	−21,1	Braunkohle, Steinkohle, Torf, pflanzl. Material, Erdöl und Erdölfraktionen, Bitumen und Bitumenfraktionen, z. T. Kohlenwasserstoffen aus Erdgasen
CO_2, durch Verbrennung von *n*-Decan gewonnen	−31,3		Kohlenwasserstoffen aus Erdgasen

Es war bei Beginn der ^{13}C-Untersuchungen am Institut für stabile Isotope nicht möglich, den Stringozephalenkalk an den internationalen PDB-Standard unmittelbar anzuschließen. Eine Überprüfung, bei der der Stringozephalenkalk mit Leitproben anderer Laboratorien verglichen wurde, ergab die in Tab. 2 aufgeführten $\delta^{13}C$-Werte, bezogen auf PDB Chicago.

Tabelle 2

	$\delta^{13}C$ in $^0/_{00}$
über NBS 20	+1,92
über Calcit FRL (Probe bekannter Zusammensetzung)	+2,06
über Carrara-Marmor	+2,07
Messung von Oceanographic Institution Woods hole/Mass./USA	+1,7
Messung einer amerikanischen Erdölgesellschaft	+2,05
Messung der Bergakademie Freiberg	+1,5

Tabelle 3

	^{13}C in $^0/_{00}$	^{18}O in $^0/_{00}$
Bundesforschungsanstalt Hannover	−22,0	−19,5
US Geological Survey Branch of Isotope Geology Denver, Colorado	−23,95	−19,45
Massenspektrometrisches Labor der IAEA Seibersdorf, Wien	−24,0	
Naturkundig. Laboratorium der Rijks-Universität Groningen	−22,95	−21,19
Labor II der Universität Kopenhagen	−23,5	
Kerngeologisches Labor Pisa	−23,64	−20,47
Institut für stabile Isotope, Leipzig	−23,28	−20,49
Mittelwerte	−23,33	−20,22
Varianzbreiten	2,00	1,74

Im Jahre 1969 hat die IAEA, Wien, wieder einen ihrer internationalen Analysenvergleiche organisiert und eine gasförmige CO_2-Probe auch dem Institut für stabile Isotope, Leipzig, freundlicherweise überlassen. Die von der IAEA mitgeteilten Werte und die Messungen des

ISI sind in Tab. 3 zusammengestellt (alle Werte auf PDB bezogen).

Die Varianzbreite ist bei den $\delta^{13}C$-Werten 20mal größer als die übliche Fehlerangabe von 0,1‰! Bei den zur Berechnung der $\delta^{13}C$-Werte erforderlichen $\delta^{18}O$-Werten ist es nicht viel besser. Probenchemische Fraktionierungen entfallen hier, da das gasförmige CO_2 keiner chemischen Behandlung mehr unterworfen wurde. Als Ursache dieser Streuungen kommen nur massenspektrometrische Meßfehler, Berechnungsfehler und die Unsicherheit der verwendeten Leitprobe in Frage. Auch die in Tab. 2 angeführten δ-Werte zeigen zu große Streuungen; hier treten wegen der niedrigen δ-Werte von den vier obenerwähnten Fehlergruppen systematische Meßfehler praktisch nicht auf.

Die angeführten Beispiele legen nahe, die Ursache der schlechteren Zuverlässigkeit von Isotopenanalysen, als sie theoretisch möglich wäre, zum Teil bei den Leitproben zu suchen. Daraus folgt, daß die verwendeten Daten der Leitproben nicht immer mit ihren wahren Werten übereinstimmen. Die Gründe hierfür können sein: Isotopen-Fraktionierungen bei der Umarbeitung der meist als Karbonate vorliegenden Leitproben, systematische Meßfehler vor allem bei großen Abweichungen zum PDB, Berechnungsfehler (z. B. bei Anschluß der Leitprobe über „Zwischenstandards", wenn die Ungenauigkeiten durch unregelmäßige Fehler nicht berücksichtigt werden), Veränderungen der Leitproben bei der Lagerung und anderes mehr.

Die Unsicherheit der Leitproben erschwert Vergleiche von Meßdaten aus unterschiedlichen Laboratorien. Unbefriedigend ist außerdem, daß die meisten Autoren in den Veröffentlichungen die δ-Werte ihrer Leitproben in bezug auf PDB angeben, dieser aber seit einigen Jahren nicht mehr verfügbar ist. Überdies hat sich herausgestellt, daß das von CRAIG (1957) für PDB angegebene Isotopenverhältnis nicht ganz exakt ist.

In den letzten Jahren bemüht man sich darum, diesem Mißstand des Standardproblems, der in ähnlicher Form auch andere Elemente betrifft, abzuhelfen. Leider gibt es bisher noch keine befriedigende Lösung. Bemerkenswert sind Vorschläge MÜHLENPFORDTs (1967) und sowjetischer Wissenschaftler (Zweites Symposium über Anwendung stabiler Isotope in der Geochemie, Moskau 1968), die teilweise künstliche Standards fordern. MÜHLENPFORDT stellte die Bedingungen zusammen, die ein Standard erfüllen muß, und bemerkt, daß nur künstliche Standards allen Anforderungen gerecht werden können. Er schlägt vor, von den Elementen H, C, N, O und S je zwei künstliche Standards herzustellen, deren Isotopenverhältnisse den in der Natur vorkommenden Extremwerten entsprechen. Durch gravimetrisch kontrollierte Mischungen sollen dann „Substandards" synthetisiert werden, wobei die Mengen so groß zu wählen sind, daß der Bedarf unter Berücksichtigung der zunehmenden Forschungstätigkeit auf dem Gebiete der Präzisions-Isotopenanalyse in der Welt für viele Jahre gedeckt würde.

Im Rahmen von Leitprobenüberprüfungen ergab sich, daß die von MÜLLER & THEILIG (1967), FISCHER, MAASS, SONTAG & SÜSS (1968), MAY, MÜLLER, FREUD & DOSTAL (1968), MÜLLER & WIENHOLZ (1967), MÜLLER (1968), MÜLLER, THEILIG & MAASS (1968), BOTNEVA, MÜLLER & MAASS (1969), MÜLLER & WIENHOLZ (1968) und THEILIG, MÜLLER & HARZER (1968) veröffentlichten $\delta^{13}C$-Werte einiger Korrekturen bedürfen:

1. Die $\delta^{13}C$-Werte von Karbonaten und CO_2, die gegen „PDB" angegeben sind, müssen mit +2,9‰ korrigiert werden.

2. Die $\delta^{13}C$-Werte von Karbonaten und CO_2, die gegen *n*-Decan angegeben sind, müssen mit −1,1‰ korrigiert werden.

3. Die $\delta^{13}C$-Werte von organischen Substanzen, die gegen „PDB" angegeben sind, müssen mit +3,9‰ korrigiert werden.

4. Der $\delta^{13}C$-Wert von *n*-Decan gegen PDB ist Tab. 1 zu entnehmen.

Zusammenfassung

Einen bedeutenden Beitrag zum Studium mancher geologischer, geochemischer, kosmologischer und hydrogeologischer Probleme können genaue Isotopenanalysen leisten. Auf Besonderheiten und Fehlerquellen der Präzisionsisotopenanalyse wird hingewiesen. Schwierigkeiten beim Vergleich der Meßergebnisse verschiedener Institutionen entstehen zu einem Teil dadurch, daß jedes Laboratorium eigene Leitproben verwendet, deren Isotopenverhältnisse oft nicht hinreichend genau bekannt sind. Anhand einiger Analysenvergleiche wird die gegenwärtige Situation des sogenannten „Standardproblems" erläutert und ein Vorschlag MÜHLENPFORDTs zur Änderung der unbefriedigenden Lage zitiert.

Резюме

Большое значение для изучения некоторых геологических, геохимических, космологических и гидрогеологических проблем имеют точные изотопные анализы. Указывается на особенности и источники ошибок прецизионного изотопного анализа. Трудности при сопоставлении измерительных данных различных институтов отчасти обусловлены тем, что каждая лаборатория опирается на собственные эталонные пробы, изотопные соотношения которых часто недостаточно известны. На примере некоторых сопоставлений результатов анализов демонстрируется современное положение так наз. „Проблемы стандартизации" и указывается на предложение Мюленфордта для устранения этого неудовлетворительного положения.

Summary

Precise isotope analyses afford an important means for investigating many geological, geochemical, cosmological and hydrogeological problems. In the present article attention is drawn to peculiarities and sources of errors involved in this analysis. Difficulties encountered when comparing measuring results of various institutions are partly due to the use of own standard samples by each laboratory whose isotope relations are often insufficiently known. By comparing some analyses the present situation of the so-called „standard problem" is discussed, and a suggestion by MÜHLENPFORDT for changing this unsatisfactory state is quoted.

Literatur

BOTNEWA, T. A., E. P. MÜLLER & I. MAASS: Über die isotope Zusammensetzung des Kohlenstoffs von Erdölen und ihren Fraktionen. — Geologija nefti i gasa, 7, 33–39 (1969).

CRAIG, H.: Isotopic standards for carbon and oxygen and correction factors for mass-spectrometric analysis of carbon dioxide. — Geochim. et Cosmochim. Acta, 12, 133 (1957).

FISCHER, W., I. MAASS, E. SONTAG & M. SÜSS: ^{12}C:^{13}C-Untersuchungen an petrologisch, chemisch und technologisch charakterisierten Braunkohleproben. — Z. angew. Geol., 14, 4, 182–187, Berlin 1968.

MAY, F., E. P. MÜLLER, W. FREUND & K.-P. DOSTAL: Modellversuche über Isotopenfraktionierung von Erdgaskomponenten während der Migration. – Z. angew. Geol., 14, 7, 376–380, Berlin 1968.
MCKINNEY, C. R., J. M. MCCREA, S. EPSTEIN, H. A. ALLEN & H. C. UREY: Improvements in mass spectrometers for the measurement of small differences in isotope abundance ratios. – Rev. Sci. Instr., 21, 724 (1950).
MÜHLENPFORDT, J.: A proposal for new standards in isotope geology. – 5. Arbeitstag. stabile Isotope, Leipzig 1967.
MÜLLER, E. P.: Geochemische Gesetzmäßigkeiten und Isotopengeochemie der organischen Substanz im Oberperm des Nordostdeutschen Flachlandes. In: Vorträge zu geochemischen und chemisch-physikalischen Problemen der Erdöl-Erdgas-Erkundung und -Förderung, Bd. 1. – Verl. für Grundstoffindustrie, S. 150–162, Leipzig 1968.
MÜLLER, E. P., & F. THEILIG: Stabile Kohlenstoffisotope in den Gesteinen und der dispersen organischen Substanz. – Erdöl-Erdgas-Inform., 15, 5–9 (1967).
MÜLLER P., E., & R. WIENHOLZ: Bestimmung der natürlichen Variationen der Kohlenstoffisotope in Erdöl- und Erdgaskomponenten und ihre Beziehung zur Genese. – Z. angew. Geol., 13, 9, 456–461, Berlin 1967.
MÜLLER P., E., & R. WIENHOLZ: Über die Genese von Kohlenwasserstoffen in den Karbonatablagerungen des Zechsteins (Oberperms) auf dem Territorium der DDR. – Geologija nefti i gasa, 5, 56–61 (1968).
MÜLLER, E. P., F. THEILIG & I. MAASS: Die isotope Zusammensetzung des Kohlenstoffs in Sedimenten des Perms und seine Bedeutung für die Fazies. – Z. angew. Geol., 14, 5, 250–257, Berlin 1968.
NIER, A. O.: A mass spectrometer for isotope and gas-analysis. – Rev. Sci. Instr., 18, 398 (1947).
– Phys. Rev., 77, 789 (1950).
NIER, A. O., E. P. NEY & M. G. INGHRAM: A null method for the comparison of two ion currents in a mass spectrometer. – Rev. Sci. Instr., 18, 294 (1947).
THEILIG, F., E. P. MÜLLER & D. HARZER: Die isotope Zusammensetzung des Sauerstoffs in Karbonaten der Staßfurt-Serie und ihre Bedeutung für Fazies und Paläothermometrie. – Z. angew. Geol., 14, 506–508, Berlin 1968.
IAEA, Wien (briefl. Mitt.).
Zweites Symposium über Anwendung stabiler Isotope in der Geochemie. – Moskau 1968.

Neuere Kenntnisse über erhöhte Mineralisationen im genutzten Grundwasserleiter innerhalb der Brandenburger Rupeltonprovinz

HARTMUT GLANDER, Berlin

(Mitteilung aus dem Zentralen Geologischen Institut)

1. Einleitung

Durch verschiedene Autoren wurden in Vergangenheit und Gegenwart die märkischen Salzstellen monographisch vom geologischen und botanischen Blickwinkel aus beschrieben, z. B. durch KLÖDEN (1830/31), ASCHERSON (1859), HUCKE (1922), MÜLLER-STOLL & GÖTZ (1961/62). Somit liegt uns ein ausführlicher Katalog der natürlich auftretenden und historisch bekannt gewordenen Salzstellen in den Talniederungen vor. Einige der von den genannten Autoren derartig gekennzeichneten Gebiete waren insofern von Interesse, als vorwiegend vom 16. bis 18. Jahrhundert immer wieder der Versuch unternommen wurde, Salzgewinnungsanlagen von örtlicher Bedeutung einzurichten, die aber zumeist wegen der geringen Solekonzentration unrentabel waren. In jüngerer Zeit wird ebenfalls den Salzstellenvorkommen größere Beachtung geschenkt, da sie bei der hydrogeologischen Erkundung für Trink- und Betriebswasser, obwohl in meist ergiebigen Talniederungen gelegen, eindeutig ausscheiden und da sie als Ansatzpunkte für tiefenhydrogeologische Untersuchungen gelten können.

Einschränkend muß darauf hingewiesen werden, daß viele historisch bekannte Salzstellen im Zuge der Hydromelioration sowie wasserwirtschaftlicher Eingriffe und damit verbundener Vorfluterverlagerungen, Abflußbeschleunigungen usw. vielfach verwischt oder unerkennbar wurden und daß viele Austritte höher mineralisierter Grundwässer, da unmittelbar an oder unter Oberflächengewässern gelegen, bisher überhaupt nicht erkannt sein dürften.

Der vorliegende Beitrag beschäftigt sich mit ausgewählten Beispielen von höher mineralisierten Grundwässern im hauptgrundwasserleitenden Komplex, die in jüngerer Zeit im Zuge hydrogeologischer Bearbeitungen und Kartierungen bekannt geworden sind. Unter dem hauptgrundwasserleitenden Komplex wird dasjenige System von durchlässigen Schichten verstanden, in dem das Grundwasser mehr oder weniger zusammenhängend fließen und mehr oder weniger aktiv am Wasserkreislauf teilnehmen kann.

Die Versalzungserscheinungen im hauptgrundwasserleitenden Komplex verdienen die uneingeschränkte Beachtung der Organe der Wasserwirtschaft und Hydrogeologie.

Nach einer von ZIESCHANG (1968) vorgenommenen Gliederung erstreckt sich die Brandenburger Rupeltonprovinz oder auch Mineralwasserprovinz II auf den Raum der Mark Brandenburg, der Altmark und Südwestmecklenburgs und „ist durch das Auftreten des grundwasserstauenden mitteloligozänen Rupeltons gekennzeichnet, der im allgemeinen eine scharfe Trennung zwischen Süßwasser im Hangenden und Salzwasser im Liegenden hervorruft. Nur an einigen Stellen, an denen der Rupelton primär oder sekundär fehlt, bestehen Möglichkeiten des Mineralwasseraufstiegs bis zur Erdoberfläche."

2. Hydrogeologisch-hydrochemische Verhältnisse in Grundwasserentlastungszonen in Verbindung mit Versalzungserscheinungen

a) Das Auftreten von Salzstellen und oberflächennahen Versalzungserscheinungen ist an die Druckentlastungszonen, die Depressionszonen der Grundwasseroberfläche in Talniederungen, geknüpft. Hochzonen der Grundwasseroberfläche scheiden für derartige Erscheinungen aus. Auf diese Regel wurde direkt und indirekt bereits in der älteren, aber auch in der neueren Literatur hingewiesen, z. B. durch ASCHERSON (1859), W. DEECKE (1907), MÜLLER-STOLL & GÖTZ (1961/62), GLÄSSER (1965) und ZIESCHANG (1968). Die Grundwasseroberfläche ist bekanntermaßen in den orographisch exponierten Gebieten angehoben, und in den Niederungen liegt sie

Eingang des Manuskripts in der Redaktion: 29. 11. 1969.

unter dem Niveau der Höhen. Sie folgt demnach weitgehend dem Relief. Die Fließbewegung vollzieht sich von den Hochzonen der Grundwasseroberfläche zu den Depressionszonen, von den Ernährungsgebieten über die Transitgebiete zu den Entlastungs- und Zehrgebieten. Eine Entlastung in den Talniederungen tritt durch den Übergang des relativ langsam fließenden Grundwassers in die relativ schnell fließenden Vorfluter ein. Zur weiteren Entlastung dürfte auch die in den Niederungen (Zehrgebieten) verstärkt einsetzende Evaporation beitragen, da der geringe Flurabstand des Grundwassers hier stark verdunstungsfördernd wirkt.

Generell werden demnach unter höherem Druck stehende tiefere mineralisierte Wässer, dem geringeren Druck folgend, in die nähere Talniederung aufsteigen. Innerhalb dieses mit einer mehr horizontalen oder vertikalen Komponente behafteten Aufstiegs sind je nach örtlichen Verhältnissen (lokale seitliche Grundwasserzuflüsse, lokale Transmissibilität) ein Druckausgleich oder eine starke Verdünnung durchaus möglich, so daß sich sicher nicht jede Tendenz aufsteigenden Tiefenwassers bis in flachere Teufen auswirkt.

b) Sowohl von ZIESCHANG (1968) als auch von GLÄSSER (1965) und GLANDER & BEYWL (1969) wird darauf aufmerksam gemacht, daß Versalzungsvorkommen in sonst „süßen" Grundwasserbereichen häufig in der Nähe bzw. in unmittelbarer Umgebung von primären oder sekundären Fehlgebieten des Rupeltons beobachtet werden. Der sonst gegen Salzwasseraufstieg abschirmend wirkende Rupelton (z. T. über 100 m mächtig) ist an einigen Stellen primär nicht zur Ablagerung gelangt (z. B. Raum Rüdersdorf) und an mehreren Stellen im Zuge altpleistozäner Erosionstätigkeit rinnenförmig erodiert oder zumindest stark ausgedünnt. Diese „Löcher" im Rupelton sind im Untersuchungsraum die bevorzugten Aufstiegsstellen für hochmineralisierte Tiefenwässer. Während des Aufstiegs vollziehen sich, wie bereits erwähnt, starke Verdünnungen und „Ablenkungen" der Stromfäden .stromabwärts. Derartige tiefe altpleistozäne Rinnen und damit verbundene teilweise oder vollständige Rupeltonerosionen treten im näheren Bereich von Berlin in verstärktem Maße auf (CEPEK 1966).

Örtlich können auch die altpleistozänen feinsandig-schluffig-tonigen Rinnenausfüllungen (CEPEK 1967) einen ersatzweisen Abschirmkomplex gegen Salzwassermigration bilden. Ähnliche lokal abschirmende Eigenschaften dürften ebenfalls die holsteinzeitlichen Paludinen-Schichten im Raum Berlin aufweisen.

c) Auffällig ist, daß Salzstellen und Versalzungen in wasserwirtschaftlich interessanten Teufenbereichen häufig in der Nähe von Strukturen und Störungszonen des prätertiären Untergrundes anzutreffen sind. Auch im Grundwasserstromschatten halokinetischer Strukturen treten Häufungen von Salzwasseraustritten auf. Demnach findet sich die Vermutung immer wieder bestätigt, daß derartige Störungszonen und Strukturen die bevorzugten Migrationszonen bzw. Lieferzonen höher mineralisierter Tiefenwässer sind und in ursächlichem Zusammenhang mit relativ oberflächennahen Versalzungsanomalien stehen.

d) Hinsichtlich des Chloridgehaltes zeigen die ausgewählten Fundpunkte einen Anstieg mit zunehmender Tiefe (Abb. 1). Trotz der Streuung, wohl bedingt durch

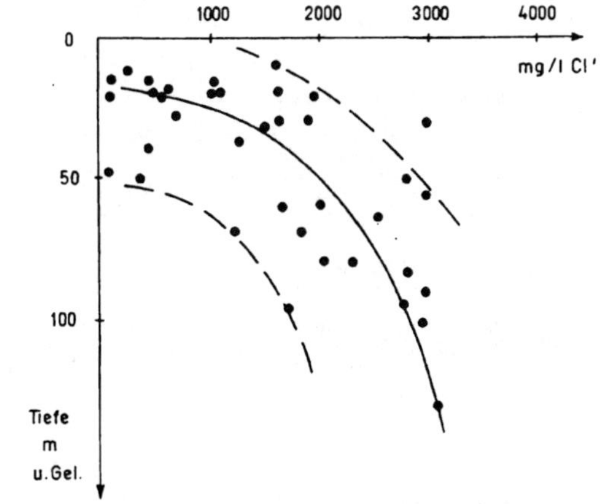

Abb. 1. Versalzungsanomalien — Beziehung zwischen Chloridgehalt und Tiefenlage im hauptgrundwasserleitenden Komplex

die lokalen Besonderheiten der jeweiligen Anomalien, ist erkennbar, daß im oberen Teil des Punktschwarms eine stärkere Chloridzunahme mit der Tiefe zu verzeichnen ist als im unteren Teil (ab etwa 2000 mg/l Cl'). Wie bereits erwähnt, sind die zunehmenden Verdünnungseffekte im hauptgrundwasserleitenden Komplex (etwa von 0 bis 50 m unter Gelände) zur Erklärung heranzuziehen.

Der Sulfatgehalt deutet auf eine zunehmende Tendenz erst ab etwa 60 bis 70 m unter Gelände hin (Abb. 2). Allerdings ist eine Erhöhung im ganz flachen Bereich zu beobachten, die anthropogen aber auch geogen verursacht sein kann.

Der Hydrogenkarbonatgehalt weist in den gewählten Beispielsgebieten von etwa 0 bis 100 m unter Gelände Werte zwischen ca. 100 und 400 mg/l auf und zeigt keine eindeutige Tendenz.

e) In stärker besiedelten und genutzten Räumen, wie z. B. Berlin, ist, wie weiter unten gezeigt wird, nicht immer eindeutig zwischen geogen und anthropogen verursachten höheren Mineralisationen im genutzten

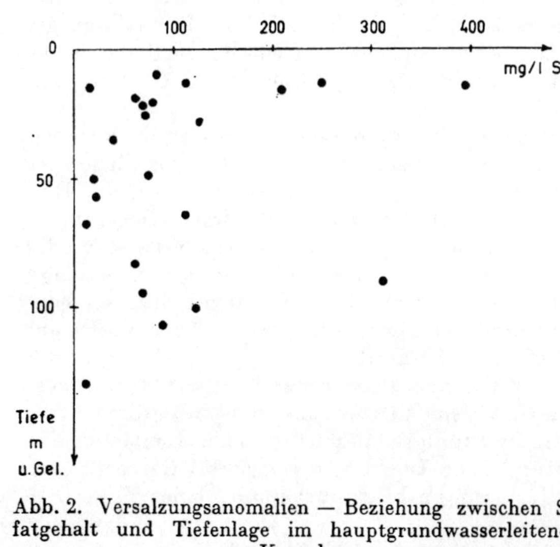

Abb. 2. Versalzungsanomalien — Beziehung zwischen Sulfatgehalt und Tiefenlage im hauptgrundwasserleitenden Komplex

Grundwasserleiter zu unterscheiden (vergleiche auch K. BAUER 1694, der Grundwasserkontaminationen durch Siedlungsabwässer im Südosten Berlins erwähnt).

3. Regionale Verhältnisse in Beispielsgebieten

a) Schwedt — Gartz

Im Raum Schwedt—Gartz ergaben sich nach GLÄSSER (1965) im Zuge von umfangreichen hydrogeologischen Erkundungen für neue industrielle und kommunale Ballungsgebiete starke oberflächennahe Versalzungserscheinungen im Bereich der Oderniederung und der etwas höher gelegenen Terrassen. Das Gebiet liegt mit etwa 1 bis 5 m über NN extrem niedrig und bietet, unterhalb der Penkuner Hochfläche gelegen, die notwendigen Entlastungsbedingungen. Als Ursache der Versalzung werden neben der rinnenförmigen Erosion des Rupeltones Randstörungen der Gartzer Struktur angeführt. GLÄSSER benennt als weitere zu vermutende Ursachen die strukturelle Hochlage der Kreide und eine tektonische Schwächezone der „rheinisch verlaufenden Stettiner Zone".

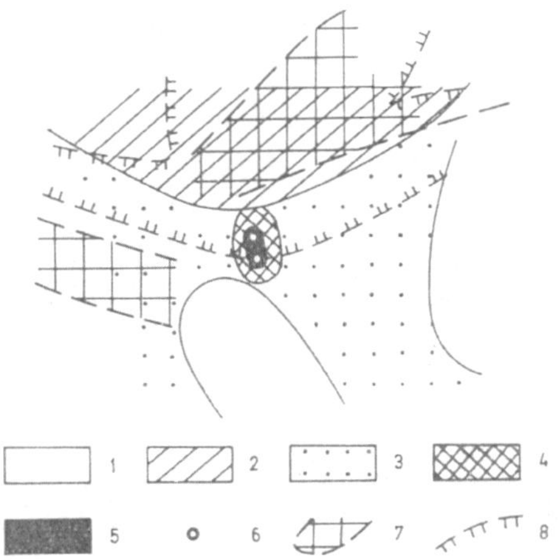

Abb. 3. Schematische Karte des Versalzungsgebietes Erkner—Grünheide

1 — Cl'-Gehalt im Bereich der Hauptgrundwasserführung, vorwiegend unter 20 mg/l; 2 — dito, unter 20 bis 50 mg/l; 3 — dito, 20 bis 50 mg/l; 4 — dito, 50 bis 350 mg/l; 5 — dito, über 350 mg/l; 6 — Versalzung im Bereich der Hauptgrundwasserführung; 7 — tektonisch gestörte Zone des prätertiären Untergrundes; 8 — nachgewiesene oder vermutete Erosion des grundwasserstauenden mitteloligozänen Rupeltons

Die Chloridgehalte liegen auswahlweise bei 500 mg/l in 20 m Tiefe und bei 3000 mg/l in 30 m Tiefe.

b) Erkner — Grünheide

Im Rahmen der hydrogeologischen Spezialkartierung wurde zwischen Erkner und Grünheide ein relativ engbegrenztes oberflächennahes Versalzungsgebiet näher beschrieben. Die Grundwasseroberfläche liegt in diesem Abschnitt des Berliner Urstromtales (etwa 38 bis 40 m über NN) 5 bis 7 m unter Gelände. Entlastungen sind in diesem Beispielsgebiet Erkner—Grünheide im Bereich der südwestlich gelegenen Spreeniederung (33 bis 35 m über NN) und durch das nahe gelegene System der Rüdersdorfer Gewässer und der Löcknitz gegeben. Hydraulisch zusätzlich beachtenswert sind die Lage der oberflächennahen Versalzungsstelle unterhalb der Barnim-Hochfläche, genauer unterhalb einer Endmoränenlage (Kranich-Berge), sowie eine Verringerung der Transmissibilität durch Einschaltung schluffiger und toniger Lagen. Die Verringerung der Transmissibilität von rund 0,02 auf 0,006 m^2/s dürfte im an sich gut transmissiblen Urstromtal in Verbindung mit der Druckentlastung zu lokalen Stauerscheinungen und damit zum Aufsteigen von höher mineralisiertem Grundwasser führen.

Das hier vorgeführte Beispielsgebiet (Abb. 3) wurde im Rahmen einer hydrogeologischen Spezialkartierung 1:50000 komplex miterfaßt (GLANDER 1968, 1969). Der Chloridgehalt beträgt bereits bei 30 m Teufe bis zu 1500 mg/l.

Das fragliche Gebiet liegt am Randbereich einer umfangreichen Rupeltonerosion, gleichlaufend mit einer altpleistozänen Rinne (CEPEK 1966), und in der Nähe von tektonisch gestörten Zonen des prätertiären Untergrundes bzw. der Antiklinalstruktur Rüdersdorf und einer benachbarten Struktur (KÖLBEL 1957, 1962).

Nach HUCKE (1922) befand sich bei Altbuchhorst (östlich des beschriebenen Gebietes) am Ostufer des Möllensees ein Vorkommen höher mineralisierten oberflächennahen Grundwassers, das sogar kurzfristig für balneologische Zwecke genutzt wurde.[1]) Dieses Vorkommen wird von HUCKE als Kochsalzquelle bezeichnet und enthielt nach der in der Fußnote angegebenen Literatur u. a. etwa 1,3 g/l NaCl.

Die in der jüngsten Zeit durchgeführte hydrogeologische Spezialkartierung ergab anhand in Altbuchhorst entnommener Wasserproben keine nennenswerte Mineralisierung des oberflächennahen Grundwassers mehr. Diese völlige Verwischung der Anomalie könnte auf eine Veränderung des Grundwasserabflusses durch eine nahe gelegene größere Kiesgrube erklärt werden, die mit dem Möllensee durch einen Kanal verbunden ist.

c) Berlin

Auch im Berliner Stadtgebiet liegen erhöhte Mineralisationen des genutzten Grundwassers vor, wie am Beispiel einiger Wasserwerke zu zeigen ist (HEIN 1953).

Tabelle

Wasserwerk	Abdampfrückstände mg/l	Cl' mg/l	SO_4'' mg/l
Köpenick	847	330	28
Tiefwerder	653	184	69
Johannistal	670	65	122
Wuhlheide	627	35	164

Auf Grund der dichten Besiedlung und der industriellen Nutzung muß zunächst offengelassen werden, ob es sich bei den erhöhten Chlorid- und Sulfatwerten nicht auch um anthropogene Beeinflussung handelt.

Immerhin müssen die Werte, da sie von Wasserwerken stammen, als repräsentative Gehalte bezeichnet werden. Die aufgeführten Wasserwerke liegen im Bereich bzw. Randbereich altpleistozäner Rinnen in der Nähe des Müggelsees und im Raum Königs Wusterhausen bzw.

[1]) „Allgemeine Medizinische Zentralzeitung", 1915, Nr. 12/13.

im Gebiet der Havelseenkette und weisen starke Entlastungsbedingungen auf, so daß Migrationen höher mineralisierter Grundwässer nicht ausgeschlossen sind. Speziell das weitere Fassungsgebiet des Wasserwerkes Köpenick scheint versalzungsgefährdet zu sein. So ergaben nach älteren Unterlagen der Wasserwirtschaft Versuchsbohrungen für eine neue Brunnengalerie südlich des Müggelsees (1938/39) Chloridwerte von 1500 bis 4500 mg/l in 34,5 bis 64,5 m Tiefe.

d) Südmecklenburg

Erhebliche oberflächennahe Chloriderhöhungen (350 bis > 1000 mg/l) dokumentiert HECK (1963) z. B. in größerer Verbreitung bei Ludwigslust und im Raum Dömitz. Als Ursache wären altpleistozäne Rinnen und Salzstrukturen heranzuziehen.

Im Zusammenhang mit der zunehmenden hydrogeologischen Erkundungstätigkeit kann mit weiteren über die Salzstellen hinausgehenden Kenntnissen über Versalzungsbereiche des genutzten Grundwasserleiters gerechnet werden.

Zusammenfassung

Die Kenntnis von Versalzungserscheinungen im hauptgrundwasserleitenden Komplex über die bisher bekannten Salzstellen hinaus hat sich durch hydrogeologische Erkundungen im Bereich Brandenburgs bedeutend vergrößert. Derartige Migrationen höher mineralisierter Grundwässer sind überwiegend im Zusammenhang mit Entlastungssituationen, mit Erosionsrinnen im Rupelton und mit Störungen im prätertiären Untergrund zu sehen. Im vorliegenden Beitrag werden die wichtigsten Kenntnisgrößen ausgewählter neuerer Fundstellen mitgeteilt.

Резюме

Гидрогеологическими работами в Бранденбурге значительно расширилось знание о явлениях засоления главного водоносного комплекса сверх пределов ранее известных соляных источников. Подобные миграции грунтовых вод с повышенной минерализацией связаны, прежде всего, с эрозионными желобами в рюпельской глине и разломами в подстилающих дотретичных отложениях. В данной работе сообщаются наиболее важные известные параметры избранных новых местонахождений.

Summary

The knowledge of oversalting processes in the main complex bearing ground water beyond places already known so far has been considerably increased by hydrogeological explorations in the Brandenburg area. Such migrations of ground waters mineralized to a higher degree must mainly be considered in connection with erosion rills in the Rupelton and with faults in the Pretertiary basement. The present article deals with the most important data chosen from more recent localities.

Literatur

ASCHERSON, P.: Die Salzstellen der Mark Brandenburg, in ihrer Flora nachgewiesen. — Z. dt. geol. Ges., 11, 90—100 (1859).
BAUER, K.: Zur Chemie des Grundwassers. — Wiss. Z. Humboldt-Univ., math.-nat. Reihe, XIII, 5, 811—813, Berlin 1964.
CEPEK, A. G.: Geologische Karte der DDR 1:500000, Karte der Tiefenlage der Quartärbasis. — Hrsg. zentr. geol. Inst., Berlin 1966.
— Stand und Probleme der Quartärstratigraphie im Nordteil der DDR. — Ber. dt. Ges. geol. Wiss., A, Geol. u. Paläont., 12, 3/4, 375—404, Berlin 1967.
DEECKE, W.: Geologie von Pommern. — Berlin 1907.
GLANDER, H.: Beiträge zur gegenwärtigen Optimalvariante in der hydrogeologischen Spezialkartierung. — Z. angew. Geol., 14, 9, 459—465, Berlin 1968.
— Komplexe hydrogeologische Kartierung und einige wasserwirtschaftliche Aspekte. — Wasserwirtsch. — Wassertechnik, 19, 5, 157—160, Berlin 1969.
GLANDER, H., & T. BEYWL: Erläuterungen zur komplexen hydrogeologischen Karte der Deutschen Demokratischen Republik 1:50000. Blatt Rüdersdorf 0809-4 (Mehrblattvariante). — Hrsg. zentr. geol. Inst., Berlin 1969.
GLÄSSER, H.: Hydrogeologische und hydrochemische Probleme beim Nachweis von Trinkwasser im Raum Schwedt. — Z. angew. Geol., 11, 9, 479—482, Berlin 1965.
HECK, H.-L.: Atlas der Bezirke Rostock, Schwerin und Neubrandenburg, Teil Grundwasser, Karten 19—22. — Topogr. Dienst Schwerin 1963.
HEIN, E.: Über die Beschaffenheit des Grundwassers in der Deutschen Demokratischen Republik. — Wasserwirtsch. — Wassertechnik, 3, 8, 288—291, Berlin 1953.
HUCKE, K.: Geologie von Brandenburg. — Stuttgart 1922.
KLÖDEN, K. F.: Beiträge zur mineralogischen und geognostischen Kenntnis der Mark Brandenburg. — Stücke 3 u. 4, Berlin 1830—1831.
KÖLBEL, H.: Entwicklung, Ergebnisse und Perspektiven der Erkundung auf Erdöl und Erdgas im Gebiet der Deutschen Demokratischen Republik. — Z. angew. Geol., 3, 5/6, 201—209, Berlin 1957.
— Geologische Karte der Deutschen Demokratischen Republik 1:500000, Karte ohne känozoische Bildungen. — Hrsg. zentr. geol. Inst., Berlin 1962.
MÜLLER-STOLL, W. R., & H. G. GÖTZ: Die märkischen Salzstellen und ihre Salzflora in Vergangenheit und Gegenwart. — Wiss. Z. päd. Hochsch. Potsdam, math.-naturwiss. R., 7, 1/2, 243—296, Potsdam 1962.
ZIESCHANG, J.: Zur Verbreitung der Mineralwässer in der Deutschen Demokratischen Republik. — Z. angew. Geol., 14, 9, 493—497, Berlin 1968.

Zur Berechnung der Grundwasserbelastung für künftige Tagebauneuaufschlüsse im Braunkohlenbergbau im Stadium der Vorerkundung

VOLKER MANHENKE, Leipzig

(Mitteilung Nr. 292 des VEB Geologische Forschung und Erkundung, Betriebsteil Freiberg)

1. Vorbemerkungen

Nachdem Verf. am Beispiel der Braunkohlenlagerstätte Hatzfeld die Kartierung der hydrogeologischen Verhältnisse und diesbezügliche speziell-hydrogeologische Erkundungsmaßnahmen im Stadium der C_2-Vorerkundung dargestellt hat (MANHENKE 1970), soll nun ein Beitrag zur Berechnung der Grundwasserbelastung im Rahmen der Vorerkundung folgen, die einerseits den zeitlichen Ablauf einer Grundwasserabsenkung berücksichtigt und damit über die noch häufig auf den Beharrungszustand orientierten hydrogeologischen Berechnungsmethoden hinausgeht und andererseits aber — gegenüber Modellen der Tagebauentwässerung bereits in Betrieb befindlicher Tagebaue (s. unten) — eine für die Vorerkundungsstadien sinnvolle Einfachheit aufweist.

Eingang des Manuskripts in der Redaktion: 25. 11. 1969.

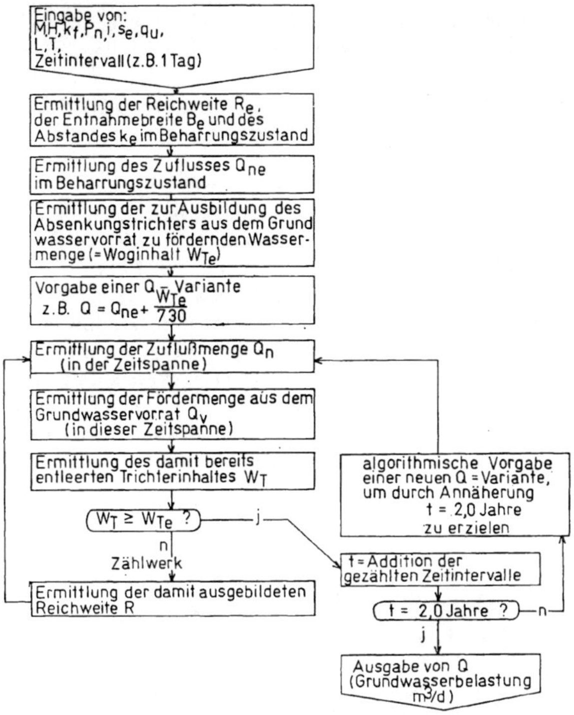

Abb. 1. Prinzipschema des Rechenganges

Die von Verf. (MANHENKE 1969) erarbeitete Berechnungsmethode des zeitlichen Zusammenhangs zwischen Grundwasserhaushalt, -förderung und -absenkung mittels elektronischer Datenverarbeitung (EDV) ist auf die Ermittlung der Entwässerungszeit ausgerichtet worden.

Diese Darlegungen wurden inzwischen im VEB Rationalisierung Braunkohle, Gruppe Spreetal, in die Programmierung montanhydrogeologischer Berechnungen einbezogen (freundl. Mitteilung Dipl.-Ing. MILKOWSKI). CALDONAZZI, HAFERKORN & MILKOWSKI (1968) berichten, daß ein Modell der Tagebauentwässerung erarbeitet wurde, das aus umfangreichen mathematisch-hydrologischen, technisch-ökonomischen usw. Teilmodellen besteht, die jedoch in allen Teilen weiterentwickelt werden müssen und deshalb wohl im einzelnen nicht mitgeteilt worden sind. Das Modell kann bei Kenntnis verschiedener technischer und ökonomischer Werte, die im allgemeinen erst nach der bergtechnischen Einschätzung vorliegen, im Stadium der eingehenden Erkundung und der betrieblichen Nacherkundung bei Filterbrunnenentwässerung zur Berechnung der Bemessung der Filterbrunnen, der Einsatzfolge der Pumpen usw. angewendet werden.

Um auch für die Vorerkundungsstadien entsprechende Aussagen machen zu können, hat Verf. im folgenden den bei MANHENKE (1969, S. 261ff.) angegebenen Ablaufplan der hydrogeologischen Berechnung so umgestellt und erweitert, daß — anhand von montanhydrogeologischen Ergebnissen aus der C_2-Vorerkundungsetappe — die Grundwasserbelastung bei Tagebauneuaufschlüssen als unmittelbare Zielgröße des mittels EDV abzuarbeitenden Programms errechnet werden kann.

2. Programmbeschreibung

2.1. Ausgangsgrößen für die Berechnung

Durch die Vorerkundung müssen folgende Parameter als Ausgangsgrößen der Berechnung ermittelt werden:

M — Mächtigkeit des Grundwasserleiters [m] (s. auch Pkt. 2.3.),
H — Grundwasserstand über Grundwassersohle [m],
k_f — Durchlässigkeitsbeiwert der grundwasserführenden Schicht [m/s],
P_n — nutzbares Porenvolumen der grundwasserführenden Schicht [—],
i — natürliches Grundwassergefälle [—],
s_e — erforderliche Absenkung des natürlichen Grundwasserspiegels [m],
q_u — unterirdische Abflußspende [m³/s m²].

MANHENKE (1970) hat gezeigt, daß diese benötigten Ausgangsparameter mit minimalem zusätzlichem Aufwand von $< 1\%$ der Erkundungskosten durch spezielle montanhydrogeologische Erkundungsmaßnahmen und entsprechende Auswertung bereits nach der Vorerkundung von C_2-Vorräten vorliegen können (vgl. auch MILDE 1966, S. 203ff).

2.2. Prinzipschema des Rechenganges

Aus der bisherigen Kenntnis des prinzipiellen Ablaufs einer Grundwasserabsenkung und den durch die Erkundung sowie durch mathematische Funktionen ermittelbaren Parametern läßt sich ein relativ einfacher Rechengang für die Ermittlung der Grundwasserbelastung, d. h. die in der Zeiteinheit zu fördernde Grundwassermenge (z. B. in m³/d) bis zur Erreichung der erforderlichen Absenkung bei angenähert optimalem Entwässerungsvorlauf (siehe unten), ableiten.

Es kann wie folgt vorgegangen werden (s. Abb. 1):

1. Berechnung der Reichweite R_e, der Entnahmebreite B_e, des Zuflusses gesamt Q_{ne}, differenziert in unterirdischen Zufluß Q_{ze} aus dem Grundwasserstrom und in Grundwasserneubildung Q_{qe} durch Versickerung im Entnahmetrichtergebiet stromabwärts der Entnahmebreite, und des Woginhalts W_{Te} jeweils für den Beharrungszustand e;

2. algorithmische Vorgabe einer Variante der Grundwasserfördermenge Q;

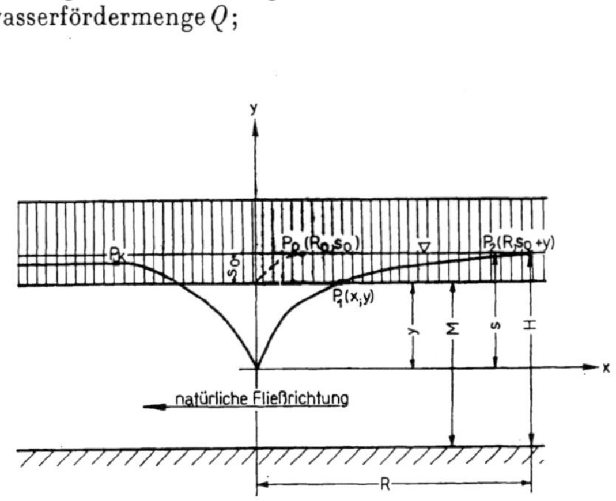

Abb. 2. Absenkungskurve im Querschnitt

3. vielfache Einzelrechnung in Zeitintervallen bis zur Entleerung des Absenkungstrichters ($W_T = W_{Te}$);

4. Ermittlung der benötigten Absenkungszeit und algorithmische Vorgabe einer neuen, weiter dem Optimum angenäherten Q-Variante und erneute Einzelrechnungen;

5. Beendigung der Rechnung und Ausgabe der Grundwasserfördermenge Q [m^3/d], wenn die Differenz der ermittelten von der vorgegebenen, angenähert optimalen Entwässerungszeit entsprechend gering geworden ist.

Zur Darstellung der hydrogeologischen Grundlagen und der Ableitung der Berechnungsformeln wird auf MANHENKE (1969, S. 258ff.) verwiesen.

Bisherige Ergebnisse von Optimierungsrechnungen im Stadium der eingehenden Erkundung und betrieblichen Nacherkundung bei laufenden Tagebauen haben für einzelne Abbauscheiben und Entwässerungsabschnitte häufig optimale Varianten mit Entwässerungszeiten um 1,5—2 Jahre, z. T. aber auch bis über drei Jahre, erbracht, da das Kostenminimum von Entwässerungsaufwand und land- bzw. forstwirtschaftlichem Gewinnverlust (CALDONAZZI, HAFERKORN & MILKOWSKI 1968, S. 515) außer von geologisch-hydrologischen auch besonders von tagebautechnologischen Faktoren und der derzeitigen Nutzung der Flächen abhängt (Mitteilung von Dipl.-Ing. CALDONAZZI, Leipzig). Für übersichlägliche Berechnungen im Stadium der Vorerkundung, in der tagebautechnologische Parameter noch nicht vorliegen, erscheint es durchaus akzeptabel, wenn — unter der Voraussetzung, daß die Fläche intensiv landwirtschaftlich genutzt wird — die vor allem durch die Laufzeit der Pumpen begrenzte Entwässerungszeit (siehe SCHULZE, CALDONAZZI & HAFERKORN 1968, S. 298) generell mit zwei Jahren als vorläufig angenähert optimal vorgegeben wird.

Anstelle der zu diesem Zeitpunkt allgemein noch unbekannten Lage und Größe einer eventuellen künftigen Aufschlußfigur kann eine konstante Einheitsfigur von z. B. $L = 1000$ m Länge und $T = 100$ m Breite angesetzt werden und damit bereits im ersten Vorerkundungsstadium ein Einheitswert der Grundwasserbelastung errechnet werden, der gute Vergleichsmöglichkeiten zwischen den verschiedenen Vorratsfeldern und eventuell auch zwischen verschiedenen angenommenen Aufschlußlagevarianten bietet und zukünftig bei ökonomischen Entscheidungen vorliegen könnte.

2.3. Problemorientierter Ablaufplan

Nach ausgewählten Formeln ist in Abb. 3 ein dem Prinzipschema des Rechenganges folgender detaillierter Ablaufplan zusammengestellt worden.

Die Werte von p_e, R, B, W_T, Q_z, Q_q für den Beharrungszustand, d. h. für den Zustand der zu erzielenden Absenkung s, lassen sich in einem Geradeausprogramm mittels EDV oder manuell errechnen.

Die nach Vorgabe von Q-Varianten folgenden, sich zyklisch wiederholenden Einzelrechnungen in Zeitinter-

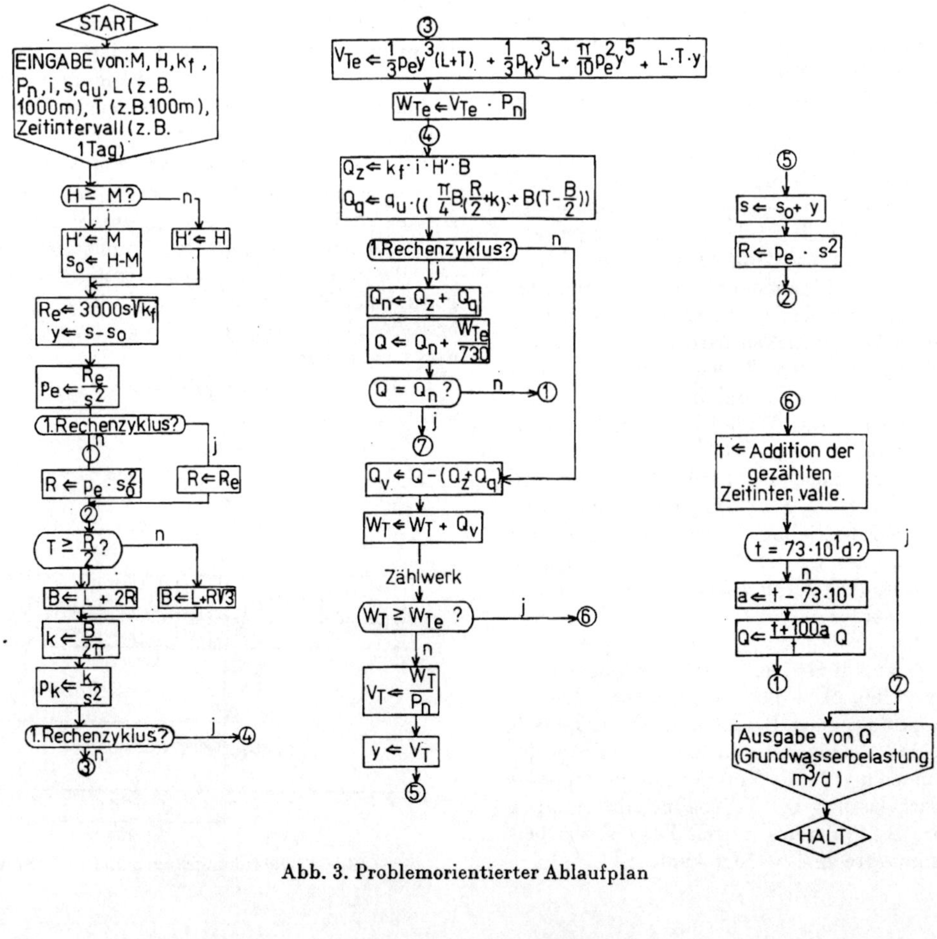

Abb. 3. Problemorientierter Ablaufplan

vallen sind dann nur mittels EDV sinnvoll durchzuführen (s. MANHENKE 1969, S. 262).

Um bei eintägigen Zeitintervallberechnungen unmittelbar die Grundwasserbelastung Q in m^3/d zu erhalten, müßten k_f und q_u in m/d bzw. m^3/m^2d eingegeben werden.

Durch den bedingten Sprung

$$H \geq M?$$

wird zwischen gespanntem und freiem Grundwasserspiegel unterschieden. Bei $H \geq M$ ist der Grundwasserspiegel gespannt, und im ersten Zeitintervall wird bereits die Absenkung

$$s_0 = H - M$$

erzielt, sofern $s > s_0$ ist.

Dann können die Funktionen der Absenkungskurve, die hier als Parabel

$$y^2 = \frac{x}{p}$$

mit dem Punkt $P_e(R_e, s_e)$ angenommen wird, und schließlich der Abstand k zum unteren Kulminationspunkt $P_k(k, s_k)$ errechnet werden (s. Abb. 2, vgl. MANHENKE 1969, S. 261f.). Die Reichweite R_e kann auch nach anderen empirischen Formeln bzw. in Analogie zu Beobachtungen bestimmt werden. Sie wird im ersten Rechenzyklus ermittelt, dazu auch der Woginhalt W_{Te} und der Zufluß Q_n für den der erforderlichen Absenkung entsprechenden Beharrungszustand. Dann wird die erste Variante der Fördermenge Q algorithmisch vorgegeben.

Durch den bedingten Sprung

$$Q = Q_n?$$

wird festgestellt, ob überhaupt ein Woginhalt entleert werden muß. Wenn die Absenkung bei gespanntem Grundwasserspiegel nicht bis unterhalb des Hangendstauhorizonts reicht, z. B. bei Liegendentspannung, wäre $W_{Te} = 0$, und damit kann $Q = Q_n$ als Grundwasserbelastung ausgegeben werden.

Im anderen Fall beginnt nun der zyklische Teil des Rechenprogramms mit entsprechend der fortschreitenden Absenkung und der Trichterentleerung ständig zunehmenden Reichweite, Entnahmebreite und damit Zufluß. Die Differenz zwischen dem Zufluß Q_n und der Fördermenge Q gibt die Wassermenge Q_v, die in diesem Zeitintervall aus dem „ruhenden" Wasservorrat gefördert wird und zur Erweiterung des Trichters führt (SIEMON 1957). Aus dem nun entleerten Trichtervolumen V_T kann in einem Unterprogramm der neue Wert für y (s. Abb. 2) eventuell durch Substitution oder durch Annäherung errechnet werden (vgl. MANHENKE 1969, S. 262f.).

Danach werden im gleichen zyklischen Ablauf die neuen Werte für s, R ermittelt usw.

Die jeweils ermittelten Werte für s, R, B, k, p_k, Q_z und Q_q gelten allerdings exakt nur für den Beginn des jeweiligen Zeitintervalls. Eventuell könnte man hier einen weiteren Zyklus in der Form einschalten, daß zunächst wie bisher s_1 und R_1 für das Zeitintervall 1 eingesetzt werden, dann aber nach Errechnen von s_2 und R_2 mit Mittelwerten $s_{1,2}$ und $R_{1,2}$ die Rechnung für das Zeitintervall 1 wiederholt wird und die letzteren Werte dann erst gelten usw.

Über ein Zählwerk werden die Berechnungsintervalle addiert und bei $W_T \geq W_{Te}$ mit der Intervallzeit multipliziert, so daß sich die Gesamtförderzeit bei dieser Q-Variante ergibt.

Über den bedingten Sprung

$$t = 73 \cdot 10^1 d?$$

wird geprüft, ob die Entwässerungszeit dem näherungsweise als optimal angenommenen Entwässerungsvorlauf von zwei Jahren entspricht bzw. $<$ 4 Tage differiert, und danach entweder eine neue Q-Variante algorithmisch vorgegeben oder bei Übereinstimmung die Grundwasserbelastung in m^3/d ausgegeben und die Berechnung beendet.

Der hier eingesetzte Algorithmus für die Vorgabe der Q-Varianten könnte eventuell nach mehrmaligen Trockentests so verbessert werden, daß die Annäherung an die vorgegebene Entwässerungszeit in weniger Rechenzyklen erzielt und damit die Berechnungszeit verkürzt werden würde.

3. Hinweise zur Anwendung des Verfahrens

Nach dem dargelegten Programm kann die Grundwasserbelastung von Tagebauen bis zum Zeitpunkt des erforderlichen Absenkungseffekts für die Grundwasserfassung als Ganzes ermittelt werden.

Die Formeln und Berechnungen können trotz der zur exakten Gültigkeit des DARCYschen Gesetzes bekannten, vereinfachenden Annahmen (siehe u. a. DÜRBAUM 1957, RICHTER 1968) für jede vollkommene Grundwasserfassung sowohl bei freiem als auch gespanntem Grundwasserspiegel angewendet werden. Bei unvollkommenen Brunnen vermindert sich die zu fördernde Wassermenge beträchtlich, da die unterhalb der Brunnensohle gelegenen Teile des Grundwasserleiters nur einen geringen Beitrag zur Fördermenge liefern (WEBER 1955). In solchen, allgemein bei Entspannung von Liegendgrundwasser zutreffenden Fällen dürfte es sich für die hydrogeologische Berechnung empfehlen, M und H einfach bis kurz unterhalb der Brunnensohle zu bemessen.

Bei Grundwasserfassungen, die nicht rechtwinklig zur natürlichen Grundwasserfließrichtung liegen, muß beachtet werden, daß der Wert für das in die Durchflußgleichung zur Ermittlung von Q_z einzusetzende L sowie von T für den bedingten Sprung $T \geq \frac{R}{2}?$ nach Vorliegen des Grundrisses durch Projektion zu bestimmen ist.

Vorausgesetzt wird in jedem Fall, daß die Ausbildung der errechneten Entnahmebreite nicht durch natürliche geologische oder künstliche Grenzen des Grundwasserleiters behindert wird.

Die dargelegten Berechnungsformeln und der erläuterte Rechengang ermöglichen eine einwandfreie Bearbeitung, die in der Praxis den Anforderungen an die

Erkundung von C_1-Vorräten entsprechen dürfte (s. ZVK-Klassifikationen für mineralische Rohstoffe und GLÄSSER 1966). Für detailliertere Berechnungen wird auf die neuen Arbeiten von LUCKNER (u. a. 1969) verwiesen.

Zusammenfassung

Es wird ein mittels elektronischer Datenverarbeitung abzuarbeitendes Programm der Berechnung der Grundwasserbelastung von Braunkohlentagebauen vorgelegt, bei dem der zeitliche Verlauf der Grundwasserabsenkung berücksichtigt worden ist.

Das Verfahren wird generell für die montanhydrogeologische Berechnung in den Stadien der Vorerkundung vorgeschlagen.

Резюме

Предлагается программа подсчета притока подземных вод в буроугольных карьерах для электронно-вычислительных машин, в которой учитывался процесс понижения уровня подземных вод по времени.

Метод предлагается для пользования при горногидрогеологических подсчетах на стадиях предварительной разведки.

Summary

A programme of calculating the ground-water load of brown-coal opencast mines by means of electronic data processing is presented, which takes the duration of the ground-water lowering into account.

The method is generally suggested for a mining-hydrogeological calculation during the stages of preliminary exploration.

Literatur

CALDONAZZI, O., B. HAFERKORN & W. MILKOWSKI: Mathematisches Modell der Tagebauentwässerung. – Bergbautechnik, 18, 10, 514–517, Leipzig 1968.

DÜRBAUM, H.: Über das DARCYsche Gesetz und seine Anwendungsmöglichkeiten in der Hydrogeologie. Tagungsbericht Dijon 1956. – Dt. gewässerkundl. Mitt., 4/5, 76–82 (1957).

GLÄSSER, H.: Die Anforderungen der ZVK an die hydrogeologische Kennzeichnung von Braunkohlenlagerstätten. – Z. angew. Geol., 12, 5, 247–251, Berlin 1966.

LUCKNER, L.: Problematik der Berechnung nichtstationärer Grundwasserströmungen durch Vorgabe von Absenkungsstadien. – Z. angew. Geol., 15, 11, 564–571, Berlin 1969.

MANHENKE, V.: Zur Berechnung des Zusammenhangs zwischen Grundwasserhaushalt, -förderung und -absenkung mittels elektronischer Datenverarbeitung. – Z. angew. Geol., 15, 5, 258–264, Berlin 1969.

– Die Kartierung der hydrogeologischen Verhältnisse bei der Vorerkundung der Braunkohlenlagerstätte Hatzfeld. – Z. angew. Geol. (im Druck).

MILDE, G.: Aufgaben und Probleme der montanhydrogeologischen Erkundung im Braunkohlenbergbau der DDR. – Bergbautechnik, 16, 4, 200–210, Leipzig 1966.

RICHTER, L.: Die Ermittlung von Abständen paralleler Entwässerungsstrecken und Filterbrunnenreihen bei Tagebauentwässerungen. – Z. angew. Geol., 14, 8, 420–429, Berlin 1968.

SCHULZE, J., O. CALDONAZZI & B. HAFERKORN: Optimaler Entwässerungsvorlauf im Tagebau Witznitz II. – Bergbautechnik, 18, 6, 293–298, Leipzig 1968.

SIEMON, H.: Berechnungen von Grundwasserabsenkungen unter Berücksichtigung des Grundwasserhaushalts. – Unveröff. Diss. techn. Hochsch. Aachen 1957.

WEBER, H.: Wasserhaltung. – Grundbau-Taschenbuch, Bd. I, 727–760, Verl. Wilhelm Ernst & Sohn, Berlin 1955.

Klassifikationen, Instruktionen und Richtlinien der ZVK für mineralische Rohstoffe der DDR. – Wiss.-techn. Inform.-Dienst zentr. geol. Inst., 5, Sonderh. 2, Berlin 1964.

Universalschema einer analytischen Beschreibung komplizierter geologischer Körper

J. A. WORONIN & J. A. JEGANOW, Nowosibirsk

1. Nahezu jede geologische Untersuchung befaßt sich mit den Prozeduren des Vergleichs komplizierter geologischer Körper (Gebiete, Bezirke, Zonen, Profilschnitte, Säulenprofile, Formationen, Fazies, Lagerstätten, Lagermassive usw.). Die Möglichkeiten eines solchen Vergleichs ergeben sich abgesehen von allem übrigen durch die Besonderheiten der Methoden der Beschreibung dieser Körper. Zur Zeit werden dafür kartographische Methoden verwendet, deren Vorteil erstens in der Universalität besteht, d. h. in der Anwendbarkeit auf alle Gebiete und Aufgaben der Geologie, und zweitens in der verhältnismäßigen Einfachheit und Anschaulichkeit für den Fall der „eindimensionalen" und „zweidimensionalen" komplizierten geologischen Körper. Gegenwärtig sind auf dem Gebiet der kartographischen Beschreibungen viele Verfahren des Vergleichs der Körper erarbeitet, die sich im wesentlichen auf visuelle Analogien stützen, wie sie bei genauer Betrachtung entstehen. Versuche der Anwendung mathematischer Methoden des Vergleichs geologischer Körper auf der Grundlage kartographischer Beschreibungen sind mit einer Reihe von Schwierigkeiten verbunden.

Das hängt damit zusammen, daß die kartographischen Methoden der Beschreibung der Körper wesentliche Mängel aufweisen, nämlich unnötige Einzelheiten der Darstellung jener Charakteristika der Körper, die auf der Zeichnung durch Linien dargestellt werden, aber auch durch die Wechselbeziehungen zwischen Linien und zwischen Farben. Solche Einzelheiten sind natürlich nicht im Tatsachenmaterial enthalten, sie entstehen als Ergebnis der Darstellung unter Verwendung dieser oder jener Hypothese.

Wie früher gezeigt wurde (WORONIN, ALABIN, GOLDIN u. a. 1967), werden diese Einzelheiten in den Verfahren unterschiedlich berücksichtigt. Deshalb gestatten die kartographischen Methoden der Beschreibung komplizierter geologischer Körper nicht, mathematische Ausdrucksmaße der Ähnlichkeit für eine Anzahl von Körpern einzuführen.

Durch das Fehlen solcher Maße wird die Anwendung mathematischer Methoden für den Vergleich komplizierter geologischer Körper ausgeschlossen. Dieser Umstand wurde zuerst von WORONIN, ALABIN, GOLDIN u. a. (1967, S. 152–153 und S. 212–213)[1]) angeführt.

Übersetzung und redaktionelle Bearbeitung: Dipl.-Math. KUNO SCHMIDT, ZGI, Berlin.

[1]) Die aus dieser Arbeit zitierten Abschnitte werden in einem der folgenden Hefte der „Zeitschrift für angewandte Geologie" veröffentlicht (Anm. der Redaktion).

Dort wurde auch gesagt (S. 107—113), daß sich die Erarbeitung analytischer Methoden der Beschreibung komplizierter geologischer Körper, die für den Vergleich mit Hilfe mathematischer Methoden geeignet sind, als komplizierte Aufgabe erweist. Diese Kompliziertheit ist hier vor allem mit der Schwierigkeit verbunden, eine vernünftige, d. h. eine nur das Wesentliche berücksichtigende, analytische Beschreibung jener Charakteristiken komplizierter geologischer Körper zu erhalten, die auf der Zeichnung durch Wechselbeziehungen zwischen Linien und zwischen Farben dargestellt werden.

2. Für die Erarbeitung uns interessierender Methoden der Beschreibung komplizierter geologischer Körper wurde von WORONIN, ALABIN, GOLDIN u. a. (1967) ein spezielles System von Formalismen aufgestellt und eine formale Analyse der traditionellen Methoden der Beschreibung und des Vergleichs komplizierter geologischer Körper erarbeitet. Im einzelnen wurden eingeführt:

die Darstellung eines statisch verallgemeinerten geologischen Raumes (des enklidischen Raumes, in dem eine endliche Menge stückweise stetiger Funktionen gegeben sind), seiner Typen und Untertypen (S. 126—135);

der Begriff der geologischen Grenzen (Oberflächen, Linien, Punkte, für die eine eindeutige Prozedur der Trennung gegeben werden kann) (S. 133—143);

der Begriff eines geologischen Körpers (eines zusammenhängenden Gebietes, einer beschränkten geologischen Grenze), seiner Typen, Untertypen und Klassen (S. 123—143); im einzelnen ist ein elementarer geologischer Körper ein solcher Körper, in dem alle Funktionen der betrachteten endlichen Menge stetig sind; ein komplizierter geologischer Körper ist ein solcher, in dem nicht alle Funktionen der betrachteten Menge stetig sind.

Es wurden auch einige Operationen im statisch verallgemeinerten geologischen Raum eingeführt: Elementarisation, Aufteilung, Vergleiche und andere (S. 125, 149—152).

3. Entsprechend WORONIN u. a. (1967, S. 152—162) gestaltet sich das Universalschema der analytischen Beschreibung geologischer Körper nach folgenden Punkten:

(1) Die Beschreibung der Körper wird in zwei Etappen vorgenommen: „Beschreibung des Körpers" und „Beschreibung der Grenze des Körpers" (S. 154).

(2) Die Beschreibung des Körpers seinerseits gliedert sich in zwei Stufen, in die „elementare" und „komplizierte Beschreibung" (S. 157—158). In der ersten Stufe wird das beschrieben, was auf der Zeichnung durch Linien und Farben dargestellt wird, in der zweiten das, was auf der Zeichnung durch einige maßgebende Besonderheiten der Wechselbeziehung zwischen Linien und zwischen Farben dargestellt wird.

(3) Die Elementarbeschreibung des Körpers wird auf die Aufgabe der „geometrischen" und „materiellen" Charakteristik zurückgeführt (S. 154—155).

Die geometrischen Charakteristiken sind die Form des Körpers (a_1); das Ausmaß des Körpers (a_2) — das Volumen, die Oberfläche — berechnet sich unter der Voraussetzung der Homogenität des Körpers im fixierten Koordinatensystem, die Orientierung des Körpers (a_4). Sie wird aus der konvexen elliptischen Hülle im fixierten Koordinatensystem berechnet.

Die materielle Charakteristik ist die materielle Zusammensetzung des Körpers, die durch die Charakteristiken jener Funktionen aus der betrachteten endlichen Menge bestimmt werden, die innerhalb des Körpers stetig sind (a_5).

(4) Die komplizierte Beschreibung des Körpers wird ebenfalls auf die Aufgabe der „geometrischen" und „materiellen" Charakteristiken zurückgeführt, erstens auf den Begriff „Struktur" und zweitens auf die Vorstellung von der „materiellen Assoziation" des Körpers. Der beschriebene komplizierte geologische Körper stellt sich als eine Gesamtheit elementarer geologischer Körper dar. Der elementare geologische Körper wird Strukturelement genannt, wenn er nur vom Standpunkt der geometrischen Charakteristika aus betrachtet wird (a_1), (a_2), (a_3), (a_4); wenn er jedoch nur unter dem Gesichtspunkt der materiellen Charakteristik (a_5) betrachtet wird, heißt er materielles Element des betrachteten komplizierten Körpers.

Unter der Aufgabe der Struktur eines komplizierten geologischen Körpers versteht man:

(a_6) „die Aufzählung der Strukturelemente", die ihre Form und gegenseitigen Dimensionen berücksichtigen. Als Einheit der Dimension wird die Dimension des größten Strukturelements ausgewählt;

(a_7) die „Konfiguration der Strukturelemente", die den Charakter der Verbindung dieser Elemente berücksichtigt;

(a_8) die „Gitter", die die Anordnung der Massenzentren der strukturellen Elemente darstellen;

(a_9) die „Orientierungen", die die Orientierung der strukturellen Elemente bezüglich des fixierten Koordinatensystems berücksichtigen, die mit dem Körper fest verbunden sind.

Unter der Aufgabe der materiellen Assoziation komplizierter geologischer Körper versteht man folgendes:

(a_{10}) den „Komponentenbestand" der materiellen Elemente, die angeben, welche materiellen Elemente und in welchen relativen Mengen vorhanden sind;

(a_{11}) „Konfigurationen materieller Elemente", die den Charakter einer Verbindung dieser Elemente tragen.

(5) Die Beschreibung der Grenzen eines Körpers wird auf die Aufgabe zurückgeführt,

(a_{12}) die Klasse der geologischen Grenzen des Körpers (WORONIN u. a. 1967, S. 139—143) zu bestimmen.

In WORONIN u. a. (1967) und WORONIN (1968) wurde die Struktur eines komplizierten geologischen Körpers so eingeführt, daß sie nicht von der Auswahl der Funktionen abhing, sondern sie hatte nur einen Sinn bei der fixierten Klassifizierung der Formen der Strukturelemente, bei der Fixierung der Messung einheitlicher Längen und Winkel, bei den Methoden der Auswahl des Koordinatensystems und der konvexen Flächen, bei den Methoden zur Bestimmung der Oberflächenorientierung; sie würde invariant gegenüber Bewegungs- und Ähnlichkeitstransformationen sein (d. h., sie würde sich nicht verändern bei einer Änderung der Orientierung des Körpers, einer Verschiebung oder Ähnlichkeitstransformation), sie würde nicht von der Gesamtzahl der Strukturelemente abhängen.

Die stoffliche Assoziation eines komplizierten geologischen Körpers wurde in WORONIN u. a. (1967) so eingeführt, daß sie nur einen Sinn bei der fixierten Klassifikation der stofflichen Elemente hatte, sie würde invariant bei Ähnlichkeitstransformationen sein, sie würde nicht von der Gesamtzahl der stofflichen Elemente abhängen.

Die elementare Beschreibung eines komplizierten geologischen Körpers besitzt entsprechend WORONIN u. a. (1967) nur Bedeutung bei der Fixierung einer endlichen Auswahl der Eigenschaften, bei der Klassifizierung der Formen der Körper, bei der einheitlichen Messung der Längen und Winkel, bei den Methoden der Bildung von Koordinaten und konvexen Flächen, bei den Methoden der Bestimmung der Oberflächenorientierung.

4. Es ist natürlich, daß nur ein Schema der Beschreibung komplizierter geologischer Körper universal sein kann, aber nicht die konkrete Auswahl ihrer Beschreibung, analog der Tatsache, daß das Schema der kartographischen Darstellung universal ist, nicht aber die konkreten Karten, Zeichnungen, Grafiken. Für die Durchführung konkreter Aufgaben auf den verschiedenen Gebieten der Geologie ist es notwendig, auf der Grundlage des analytischen Universalschemas zu lernen, konkrete analytische Beschreibungen komplizierter geologischer Körper auszuwählen, die dem Wesen geologischer Forschung entsprechen. Jedoch muß man für das Auswählen etwas zur Auswahl haben. Für die Charakteristiken (a_1), (a_2), (a_3), (a_4), (a_5), (a_6), (a_9), (a_{10}) und zum Teil für (a_{12}) sind gegenwärtig viele verschiedene analytische Ausdrücke bekannt, und das Problem besteht nur in der Wahl der jeweils für eine konkrete Aufgabe[2]) benötigten Ausdrücke. Anders liegt die Sache mit den Charakteristika (a_7), (a_8), (a_{11}). Sie sind sehr wichtig für alle geologischen Aufgaben, die mit dem Vergleich komplizierter geologischer Körper zusammenhängen. Für sie gibt es noch keine analytischen Ausdrücke.

5. Wir wenden uns nun den Fragen der Aufstellung analytischer Formeln für das Charaktersitikum (a_7) zu. Eine der Formeln für dieses Charakteristikum wurde schon vorgestellt (WORONIN u. a. 1967, S. 168). Wie die Forschungen jedoch zeigten, erwies es sich als Mißerfolg in dem Sinn, daß es mit seiner Hilfe nicht gelang, ein Maß der Ähnlichkeit für eine Menge komplizierter geologischer Körper einzuführen.

Man unterteilt alle Strukturelemente des betrachteten komplizierten geologischen Körpers, der in Abb. 2 dargestellt ist, in zwei Klassen; eine *äußere*, die die gemeinsamen Punkte mit der Grenze des geologischen Körpers enthält, und eine *innere*, die keine solchen Punkte besitzt. In Abb. 2 erscheinen als äußere Strukturelemente 1—8, als innere 9—13. Die äußeren und inneren Strukturelemente werden nach der Anzahl der Nachbarn unterschieden, derjenigen Strukturelemente, die gemeinsame Grenzpunkte mit den gegebenen Strukturelementen besitzen. In Abb. 1 besitzt das Strukturelement 2 vier Nachbarn, das Strukturelement 7 drei Nachbarn.

Man teilt die Strukturelemente in Unterklassen ein: die, die einen Nachbarn haben, die, die zwei Nachbarn haben, die, die drei Nachbarn haben, die, die mehr als drei Nachbarn haben. Die äußeren Elemente bezeichnen wir mit dem Symbol A, die inneren mit B, die Zahl der Nachbarn wird mit unteren Indizes bezeichnet. Dabei wird das betrachtete Charakteristikum (a_7) des komplizierten geologischen Körpers analytisch durch eine Matrix der Form:

$$a_7 = \left\| \begin{matrix} A_{j1}, A_{j2}, \dots A_{jp}; & B_{i1}, B_{i2}, \dots B_{iq} \\ n_{j1}, n_{j2}, \dots n_{jp}; & m_{i1}, m_{i2}, \dots m_{iq} \end{matrix} \right\| \quad (1)$$

dargestellt, wobei n_{jx} und m_{is} die relative Anzahl äußerer bzw. innerer Elemente angeben, die j_x Nachbarn bzw. i_s Nachbarn besitzen, die auf den betrachteten komplizierten geologischen Körper hinweisen. Für den komplizierten geologischen Körper in Abb. 2 erhält man bei $\alpha = 10$:

$$(a_7) = \left\| \begin{matrix} A_3 & A_4 & A_5; & B_1 & B_5 & B_6 \\ 2/13 & 5/13 & 1/13; & 2/13 & 2/13 & 1/13 \end{matrix} \right\|$$

6. Gehen wir nunmehr über zum Aufbau der analytischen Darstellung für das Charakteristikum (a_8). Wir benutzen die Resultate aus (2). Es sei Δl eine gewählte Einheit für eine Längendimension. Wir betrachten eine Menge von Punkten auf dem Abschnitt OX:

$$x_1^i < x_2^i < x_3^i < \dots < x_{M_i}^i$$

$$x_k^i = n_k^i \Delta l, \quad k = 1, 2, 3, \dots, M_i \quad (2)$$

Wir nennen (2) ein eindimensionales Netz mit der Längeneinheit Δl. Es wird mit $X_1^i(\Delta l)$ bezeichnet. Wir bezeichnen den Abstand zwischen den Punkten des Netzes $x_1^i(\Delta l)$ so:

$$\varrho(x_\alpha^i, x_\beta^i) = |x_\alpha^i - x_\beta^i| \quad (3)$$

Weiterhin gilt:

$$\begin{aligned} \varrho^* &= \min_k \varrho(x_k^i, x_{k+1}) \\ \varrho^{**} &= \max_k \varrho(x_k^i, x_{k+1}^i) \\ \varrho_i^M &= \varrho(x_1^i, x_{M_i}^i) \end{aligned} \quad (4)$$

Wir ziehen in Betracht:

$$\begin{aligned} \varrho_i(n) &= \varrho_i^x + n\Delta l \\ n &= 0, 1, 2, 3, \dots \end{aligned} \quad (5)$$

Zwei Punkte x_α^i und x_β^i aus $X_1^i(\Delta l)$ nennen wir ein einfach zusammenhängendes Bündel $\varrho_i(n)$, wenn

$$\varrho(x_\alpha^i, x_\beta^i) < \varrho_i(m) \quad (6)$$

gilt.

Zwei Punkte x_α^i und x_β^i aus $X_1^i(\Delta l)$ nennen wir ein *zweifach zusammenhängendes Bündel*, $\varrho_i(n)$, wenn (6) nicht ausgeführt ist, aber ein solcher Punkt

[2]) Es ist notwendig zu bemerken, daß den Fragen, diesen Charakteristiken einen eindeutigen Sinn zu geben, aber auch den Fragen der Begründung der Wahl der analytischen Formeln für diese Charakteristiken nicht genügend Aufmerksamkeit gewidmet wurde.

$x_\gamma{}^i$ aus $X_1{}^i(\Delta l)$ existiert, daß:

$$\begin{aligned} \varrho(x_\alpha{}^i, x_\gamma{}^i) &< \varrho_i(n) \\ \varrho(x_\gamma{}^i, x_\beta{}^i) &< \varrho_i(n) \end{aligned} \tag{7}$$

gilt.

Die Gesamtheit der Punkte $x_\alpha{}^i, x_\beta{}^i, \ldots, x_\varepsilon{}^i$ aus $X_1{}^i(\Delta l)$ nennen wir eine Komponentenverbindung von $X_1{}^i(\Delta l)$ mit den Bündeln $\varrho_i(n)$, wenn sich beliebige Punkte aus dieser Gesamtheit als zusammenhängend zwischen einer beliebigen Anzahl ihrer Bündel $\varrho_i(n)$ erweisen.

Es sei $M_i(n)$ die Zahl der Komponenten der Verbindung von $X_1{}^i(\Delta l)$ mit den Bündeln $\varrho_i(n)$.

Wir betrachten:

$$B_i(n) = \begin{cases} \dfrac{M_i(n)}{M_i(0)} & \text{für} \quad 0 \leq n \leq m_i + 1 \\ 0 & \text{für} \quad n > m_i + 1, \end{cases} \tag{8}$$

wobei

$$m_i = \frac{\varrho_i^{**} - \varrho_i^*}{\Delta l} \tag{9}$$

ist.

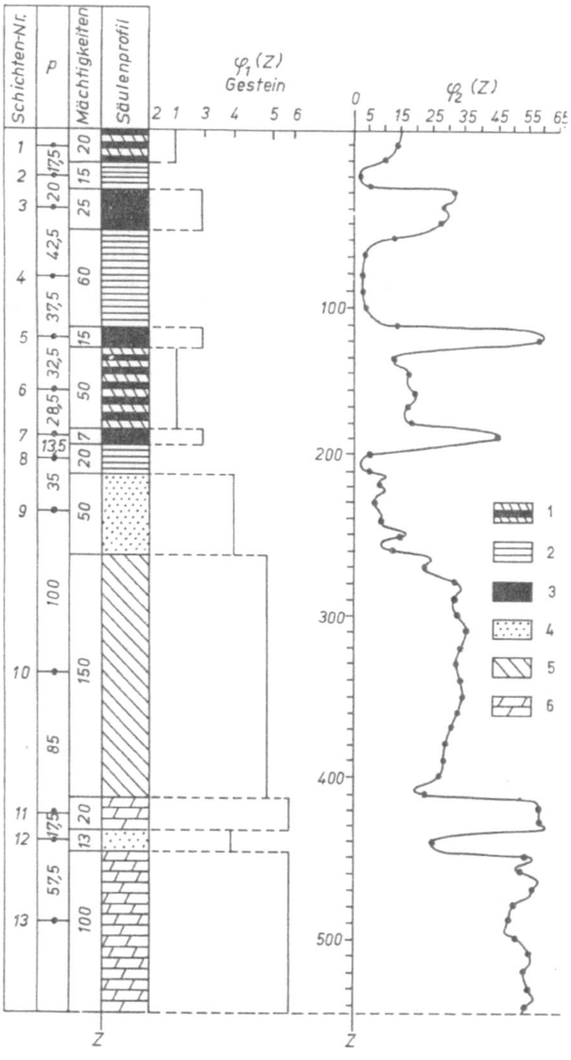

Abb. 1. Eindimensionaler komplizierter geologischer Körper eines schematischen geologischen Profils

Man kann sich überzeugen, daß (8) eine monotone Treppenfunktion von n ist, die im Intervall (1,0) veränderlich ist. Wir nehmen an:

$$\delta(n) = \begin{cases} 1, & B_i(n) = B_i(n+1) \\ 0, & B_i(n) \neq B_i(n+1) \end{cases} \tag{10}$$

Jedes $x_1{}^i(\Delta l)$ kann übereinstimmend durch 4 Zahlen charakterisiert werden:

$$\begin{aligned} m_i &= \frac{\varrho_i^{**} - \varrho_i^*}{\Delta l}; \quad q_i = \sum_n \delta(n) \\ n_i &= \frac{\varrho_i}{\Delta l}; \quad M_i = M_i(0) \end{aligned} \tag{11}$$

Die Funktion

$$B[X_1{}^i(\Sigma \Delta l)] = \frac{m_i \cdot q_i}{n_i \cdot M_i} \tag{12}$$

nennt man das Fehlermaß von $X_1{}^i(\Delta l)$. In (2) werden die Eigenschaften von (12) untersucht.

Im einzelnen wird gezeigt, daß

$$\begin{aligned} 0 \leq B[X_1{}^i(\Delta l)] &\leq 1 \\ B[X_1{}^i(\Delta l')] &= B[X_1{}^i(\Delta l'')] \\ B[X_1{}^i(\Delta l)] &= B[\tilde{X}_1{}^i(\Delta l)] \end{aligned} \tag{13}$$

ist, wobei $\tilde{X}_1{}^i(l)$ ein eindimensionales Gitter mit dem Einheitsmaß Δl darstellt, das durch Bewegungstransformation aus $X_1{}^i(\Delta l)$ erhalten wird. Für die vollständige Unrichtigkeit ist

$$B[X_1{}^i(\Delta l)] = 1$$

und für die vollständige Richtigkeit ist

$$B[X_1{}^i(\Delta l)] = 0$$

Wir betrachten nun ein dreidimensionales Gitter mit dem Einheitslängenmaß $\Delta l : X_3{}^i(\Delta l)$. Alle Punkte aus $X_3{}^i(\Delta l)$ kann man mit Koordinaten versehen:

$$\begin{aligned} Y_\alpha{}^i(1) &= n_\alpha{}^i(1)\,\Delta l \\ Y_\alpha{}^i(2) &= n_\alpha{}^i(2)\,\Delta l \\ Y_\alpha{}^i(3) &= n_\alpha{}^i(3)\,\Delta l \end{aligned} \tag{14}$$

Wenn man annimmt, daß die Entfernung zwischen den Punkten $x_\alpha{}^i$ und $x_\beta{}^i$ aus $X_3{}^i(\Delta l)$ bestimmt wird durch die Formel

$$\varrho(x_\alpha{}^i, x_\beta{}^i) = \sqrt{\sum_{j=1}^{3} [y_\alpha{}^i(j) - y_\beta{}^i(j)]^2} \tag{15}$$

dann kann man ganz analog dem Vorhergehenden das Fehlermaß des Gitters $X_3{}^i(\Delta l)$ durch

$$B[X_3{}^i(\Delta l)]$$

darstellen, die jene Eigenschaften hat, die auch $B[X_1{}^i(\Delta l)]$ hat. Zur Qualität der analytischen Formel für das Charakteristikum (a_8) bemerken wir, daß das Fehlermaß des Gitters, das durch das Massenzentrum der Strukturelemente gebildet wird,

$$(a_8) = B[M(\Delta l)]$$

ist.

Für den komplizierten geologischen Körper in Abb. 2, wo die Massenzentren der Strukturelemente durch dicke Punkte bezeichnet wurden, wird $\Delta l = 0{,}5$ cm angenommen. Wir erhalten $B[M(0{,}5)] = 0{,}25$.

7. Wir bilden eine analytische Formel für das Charakteristikum (a_{11}). Wir benutzen einen geometrischen Weg, der bereits im Zusammenhang mit der Verallgemeinerung eines Gesetzes der Aufeinanderfolge der Schichtungen verwendet wurde (1). Es seien A_i und A_k zwei elementare geologische Körper, die in dem betrachteten komplizierten geologischen Körper enthalten sind. Wir nehmen an, daß $d\omega$ der größte der Körperwinkel $d\omega_i$ und $d\omega_j$ ist, über dem A_i und A_j vom Ursprung des geozentrischen Koordinatensystems aus zu sehen sind. Wir bezeichnen durch a_i die Punkte von A_i durch a_k die Punkte von A_k; durch r_i und r_k den Abstand vom Ursprung der Koordinaten bis zu den Punkten a_i und a_k, durch $r(\theta, \varphi)$ den Strahl, der vom Koordinatenursprung unter den Winkeln θ, φ verläuft; θ ist der Winkel zwischen dem Strahl und der Z-Achse, φ ist der Winkel zwischen der Projektion des Strahls auf die Ebene xoy und der X-Achse.

Wenn A_i und A_k innerhalb von $d\omega$ liegen, werden wir folgende Fälle der Anordnung von A_i und A_k unterscheiden:

$R_1 \equiv$ „A_i liegt unter A_k, indem sie sich berühren."

$R_2 \equiv$ „A_i liegt unter A_k, indem sie sich nicht berühren."

$R_3 \equiv$ „A_i liegt in A_k, indem sie sich nicht berühren."

$R_4 \equiv$ „A_i liegt über A_k, indem sie sich berühren."

$R_5 \equiv$ „A_i liegt über A_k, indem sie sich nicht berühren."

$R_6 \equiv$ „A_i ist in A_k eingeschlossen."

Wir nehmen an, daß:

die Ausdrücke R_1 dann begründet sind, wenn eine solche Zahl r_0 existiert, so daß für alle a_i $r_i \geq r_0$ und für einige a_k $r_k \leq r_0$ erfüllt ist und ein solcher Strahl $r(\theta, \varphi)$ existiert, daß für alle a_i und a_k auf diesem Strahl $r_i \geq r_k$ gilt;

die Ausdrücke R_2 dann begründet sind, wenn eine solche Zahl r_0 existiert, daß für alle a_i $r_i \geq r_0$ und für alle a_k $r_k < r_0$ zutrifft;

die Ausdrücke R_3 dann begründet sind, wenn eine solche Zahl r_0 existiert, daß für alle a_i $r_i \geq r_0$ und für einige a_k $r_k \leq r_0$ zutrifft, aber kein solcher Strahl $r(\Theta, \varphi)$ existiert, daß für alle a_i und a_k auf diesem Strahl $r_i \geq r_k$ gilt.

Die Bedingungen für die Aussagen R_4, R_5 und R_6 kann man aus dem Vorhergehenden durch Vertauschung von i und k erhalten.

Im Falle, wenn A_i und A_k nicht innerhalb von $d\omega$ liegen, werden wir folgende Fälle der Anordnung von A_i und A_k unterscheiden:

$R_7 \equiv$ „A_i ist mit A_k vorhanden, sie berühren sich."

$R_8 \equiv$ „A_i ist mit A_k vorhanden, sie berühren sich nicht."

Wir nehmen an, daß der Ausdruck R_7 dann begründet ist, wenn A_i und A_k eine gemeinsame Grenze haben, der Ausdruck R_8 dann, wenn sie keine gemeinsame Grenze haben.

Auf solche Weise werden analog zwei elementare geologische Körper A_i und A_k kombiniert, die in einem betrachteten komplizierten Körper enthalten sind. Wir bilden die acht Ausdrücke: $R_1, R_2, \ldots, R_8$. Die unterschiedenen elementaren geologischen Körper, die in dem betrachteten komplizierten geologischen Körper enthalten sind, können denselben stofflichen Elementen entsprechen. Wenn man Ausdrücke mit verhältnismäßig kombinierten stofflichen Elementen hat, dann erscheinen alle Ausdrücke $R_1, R_2, \ldots, R_8$ gemeinsam, d. h., für eine und nur eine Kombination stofflicher Elemente können gleichzeitig alle Ausdrücke begründet sein. Daher folgt, daß man beim Übergang von den Ausdrücken der elementaren geologischen Körper zu den Ausdrücken der stofflichen Elemente bezüglich zweier stofflicher Elemente $n(r) = C_8{}^r$ Ausdrücke erhalten kann, $r \leqq 8$, bei r komplizierten Ausdrücken der Form:

$$R_{i1} \,\&\, R_{i2} \,\&\, R_{i3} \,\&\, \ldots \,\&\, R_{in} \tag{17}$$

In (17) bedeutet das Zeichen & das Zeichen der logischen Multiplikation, das verbindende „und".

Wenn wir wieder den Ausdruck $R^0 \equiv$ „Kombination zweier gegebener Elemente besteht nicht" annehmen, dann werden wir 256 verschiedene Ausdrücke bezüglich der beiden stofflichen Elemente erhalten:

$$\left(\sum_{r=1}^{8} C_8{}^r = 2^8 - 1 = 255; \quad 255 + 1 = 256\right)$$

Wir nehmen an, daß man bei unserer Anordnung eine Klassifizierung der stofflichen Elemente mit den Klassen $P_1, P_2, \ldots, P_N$ erhält. Wir bezeichnen durch $P_{i1}, P_{2i}, \ldots, P_{in}$ die stofflichen Elemente des betrachteten komplizierten geologischen Körpers. Der zweite Index zeigt, zu welcher Klasse das stoffliche Element gehört. Wir

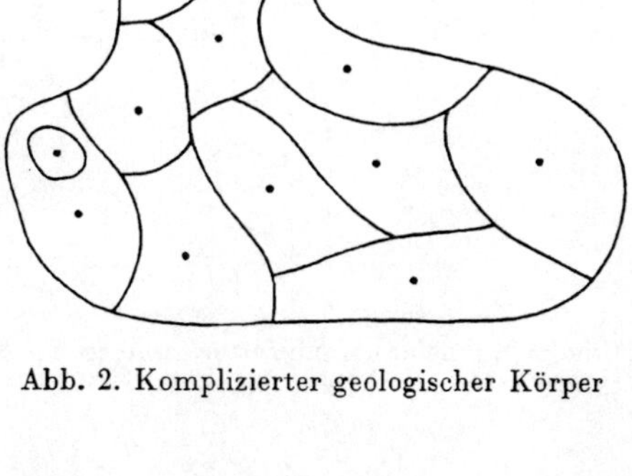

Abb. 2. Komplizierter geologischer Körper

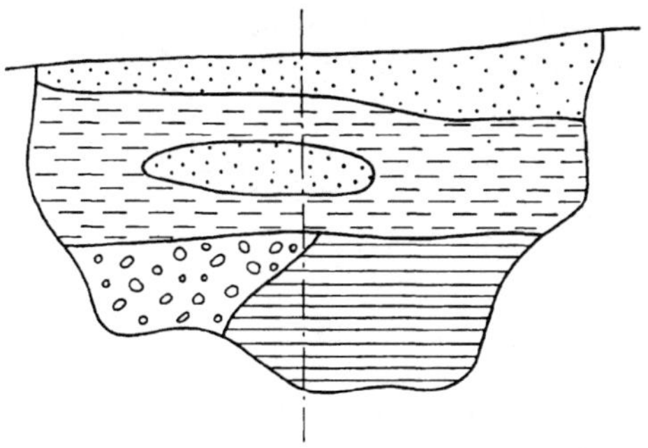

Abb. 3. Strukturelement eines komplizierten geologischen Körpers

nehmen an, daß $i_1 < i_2 < \ldots < i_n$ ist. Bei solcher Voraussetzung kann das Charakteristikum (a_{11}) ein analoger Ausdruck in Form einer Matrix sein:

$$(a_{11}) = \left\| \begin{matrix} i_1, i_2, i_1, i_3, i_1, i_4, \ldots, i_{n-1}\, i_n \\ R_{1,2}, R_{1,3}, R_{1,4}, \ldots, R_{n-1,n} \end{matrix} \right\|$$

wobei $R_{\alpha,\beta}$ anzeigt, welcher aus 256 Ausdrücken für die stofflichen Elemente P_{ia} und P_{ie} gerechtfertigt ist. Für den komplizierten geologischen Körper in Abb. 3 erhalten wir unter der Voraussetzung, daß sich das Zentrum des geozentrischen Koordinatensystems unten unendlich weit auf der strichpunktierten Linie befindet:

$$(a_{11}) = \left\| \begin{matrix} 1-2, & 1-3, & 1-4, & 2-3, & 2-4, & 3-4 \\ R_1 \,\&\, R_2, & R_8 & R_8 & R_2 & R_2 & R_7 \end{matrix} \right\|$$

Wir veranschaulichen das vorausgesetzte Universalschema einer analytischen Beschreibung komplizierter geologischer Körper am Beispiel eines eindimensionalen komplizierten geologischen Körpers, eines lithologischen Profils, für das die Funktion $\varphi_2(z)$ gebildet wurde, z. B. eines spezifischen elektrischen Widerstands (Abb. 1). Im gegebenen Fall bildet der statische geologische Raum selbst eine Gerade OZ, auf der zwei Funktionen gegeben sind: die stufenförmige Funktion $\varphi_1(Z)$, die durch die lithologische Beschreibung der Versuche und ihre Zuordnung zu festen Klassen von Gesteinsarten gebildet wird, und eine stetige Funktion $\varphi_2(Z)$, die durch Messung des elektrischen Widerstands gebildet wird.

Elementare Beschreibung des Körpers

(a_1) die Form des Körpers:
gerader Abschnitt (Schicht);

(a_2) das Ausmaß des Körpers:
Länge des Abschnitts (Mächtigkeit der Schicht) $H = 545$ m;

(a_3) das Massenzentrum des Körpers:
Der Punkt M_c im Koordinatensystem XYZ hat die Koordinaten (0,0, H/2);

(a_4) die Orientierung des Körpers:
$\theta = 0$, $\varphi = 0$ (über der Z-Achse);

(a_5) die stoffliche Zusammensetzung des Körpers:
Sie stellt sich durch die Funktion $\varphi_2(Z)$ dar. Sie kann z. B. auf folgende Weise fixiert werden: Durch das Intervall $\delta(Z)$ (Messungsschritt) werden die Werte $\varphi_2(n\delta Z)$ aufgenommen, später werden gebildet:

$$\max \varphi_2(n\,\delta z),\ \min \varphi_2(n\,\delta z),\ \overline{\varphi}_2(n\,\delta z)$$

$$\max \Delta\varphi_2(n\,\delta z),\ \min \Delta\varphi_2(n\,\delta z),\ \Delta\overline{\varphi}_2(n\,\delta z)$$

wobei

$$\Delta\varphi(n\,\delta z) = |\varphi_2[(n+1)\,\delta z] - \varphi_2(n\,\delta z)|$$

ist.

Für die Kurve $\varphi_2(Z)$, dargestellt in Abb. 1, erhalten wir bei $\delta z = 10$ m:

$$\max \varphi_2(n\,\delta z) = 65;\quad \min \varphi_2(n\,\delta z) = 2,\quad \overline{\varphi}_2(n\,\delta z) = 27$$

$$\max \left|\frac{\Delta\varphi_2}{\delta z}\right| = 50;\ \min \left|\frac{\Delta\varphi_2}{\Delta z}\right| = 0,\ \left|\frac{\Delta\varphi_2}{\Delta z}\right| = 7{,}9$$

Komplizierte Beschreibung des Körpers

(a_6) Die Liste der Strukturelemente

Der Form nach bilden alle Strukturelemente selbst gerade Abschnitte (Schichten). Die Liste der Strukturelemente kann durch eine Matrix der Form

λ	0 — 0,1	0,1 — 0,2	0,2 — 0,3	0,3 — 0,4	0,4 — 0,5
v	4/13	4/13	—	3/13	—

0,5 — 0,6	0,6 — 0,7	0,7 — 0,8	0,8 — 0,9	0,9 — 0,10
—	1/13	—	—	1/13

dargestellt werden, wobei λ die Intervalle bezüglich der Länge der Strukturelemente (Schichten) sind. Die Länge des maximalsten Strukturelements (Schicht) beträgt 150 m. Z. B. im Intervall $\lambda = 0{,}0 - 0{,}1$ haben die Strukturelemente (Schichten) eine Länge von 0 bis 15 m; im Intervall $\lambda = 0{,}1 - 0{,}2$ eine Länge von 15 — 30 m. v — ist die Frequenz der strukturellen Schichtelemente, die dem entsprechenden Intervall angehören. Ihr Wert ergibt sich durch Division der Anzahl der Elemente, die zum Körper gehören, mit der Gesamtzahl der Elemente in ihm. Im angeführten Beispiel beträgt sie 13.

(a_7) Die Konfiguration der Strukturelemente

Wie oben festgelegt wurde, bezeichnen wir durch A die äußeren Elemente, bei dem Profil sind es zwei — 1. und 13.; durch B die inneren, hier sind es 11. Auf diese Weise wird die Charakteristik (a_7) für das angeführte Beispiel durch eine Matrix ausgedrückt:

$$\left\| \begin{matrix} A_1 & B_2 \\ 2/13 & 11/13 \end{matrix} \right\|$$

(a_8) Das Gitter

Kommen wir zu den Massenzentren der Strukturelemente. Sie werden sich in der Mitte der Abschnitte der entsprechenden Schichten befinden; im Ergebnis erhalten wir ein System von Punkten auf der Achse OZ (s. Abb. 3, links von der Spalte). Dieses System läßt sich durch das Fehlermaß der Anordnung der gegebenen Punkte charakterisieren. Für die Bestimmung dieser Zahl wählen wir den Schritt der Messung Δl. Er beträgt 5 m. Dann erhalten wir entsprechend Punkt 6 B = 0,179.

(a_9) Die Orientierung der Strukturelemente

Im Profil ist die Orientierung aller Strukturelemente über der Achse OZ gleich, weil sich die Orientierung aus zwei Winkeln ergibt $\theta = 0°$ und $\varphi = 0°$.

(a_{10}) Die Komponentenzusammensetzung

Für die Aufstellung dieses Charakteristikums müssen wir wissen, welche stofflichen Elemente (im gegebenen Falle Gesteine) im Profil bei ihrer Betrachtung angetroffen werden und welchen Teil des Profils sie einnehmen. Es bezeichnen:

P_1 — phosphatische Argillite
P_2 — Argillite
P_3 — Phosphorite
P_4 — Sandsteine
P_5 — Silikate
P_6 — Dolomite.

Wir bilden das Verhältnis der summarischen Mächtigkeit aller Schichten des gegebenen Gesteins zur Mächtigkeit des genannten Profils (Beispiel: P_1 — phosphatische Argillite — zwei Schichten von summarischer Mächtigkeit 70 m, 70/545 = 0,128).

Wir erhalten die Matrix:

$P_1 = 0,128$
$P_2 = 0,174$
$P_3 = 0,086$
$P_4 = 0,016$
$P_5 = 0,272$
$P_6 = 0,220$

(a_{11}) Die Konfiguration der stofflichen Elemente

Alle stofflichen Elemente (Gesteine) des Profils wurden in der Ordnung numeriert, wie sie vorkommen; so wurden auch die Profile numeriert. Wir werden nacheinander die Kombination der stofflichen Elemente betrachten:

$P_1 - P_2$, $P_1 - P_3$, $P_1 - P_4$, $P_1 - P_5$, $P_1 - P_6$, $P_1 - P_3$,

$P_2 - P_4$, $P_2 - P_5$, $P_2 - P_6$, $P_3 - P_4$, $P_3 - P_5$, $P_3 - P_6$,

$P_4 - P_6$, $P_5 - P_6$.

Um zu erfahren, welche Ausdrücke die Kombination der stofflichen Elemente $P_1 - P_2$ begründen, verfahren wir wie folgt:

Wir schreiben die Zahl der Schichten auf, in denen das stoffliche Element P_1 vorkommt; das sind die Schichten 1 und 6. Danach tun wir dasselbe für das stoffliche Element P_2 — das sind die Schichten 2, 4, 8. Wir bilden eine Kombination für jede Schicht, in der P_1 vorkommt, mit jeder Schicht, in der P_2 vorkommt, nach dem Schema (Abb. 4):

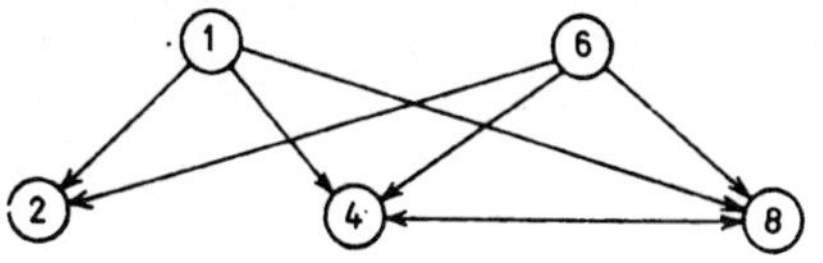

Abb. 4.

Wir erhalten Kombinationen der Schichten:

1—2, 1—4, 1—8, 6—2, 6—4, 6—8.

Wir erklären, welche Ausdrücke z. B. die Kombination 1—2 begründen: Schicht 1 befindet sich in Übereinstimmung mit Schicht 2, „1 liegt auf 2, sie berühren sich", d. h., die Kombination der Schichten 1—2 wird durch den Ausdruck R_1 begründet. Auf die gleiche Weise erhalten wir auch, daß die Kombination der Schichten 1—4 den Ausdruck R_2 begründet usw.

Schließlich erhalten wir für die Paare der stofflichen Elemente P_1 und P_2 folgende Tab. 1 der Ausdrücke:

Tabelle 1

$P_1 - P_2$	Nr. der Schichten	1—2	1—4	1—8	6—2	6—4	6—8
	Ri	R_1	R_2	R_2	R_5	R_5	R_2

Aus Tab. 1 folgt, daß bezüglich der stofflichen Elemente P_1 und P_2 die Ausdrücke R_1 & R_2 & $R_5 \equiv R_{1,2,5}$ zutreffen. Auf ähnliche Weise erhalten wir für die übrigen Kombinationen der stofflichen Elemente Ausdrücke, die in Tab. 2 zusammengefaßt werden und eine analytische Formel des Charakteristikums (a_{11}) für unser Beispiel ergeben:

Tabelle 2

P_1 P_2 $R_{1,2,5}$	P_1 P_3 $R_{1,2,4,5}$	P_1 P_4 R_2	P_1 P_5 R_5	P_1 P_6 R_2
R_2 P_3 $R_{1,2,4,5}$	P_2 P_4 $R_{1,2}$	P_2 P_5 R_2	P_2 P_6 $R_1{}'_2$	
P_3 P_4 R_2	P_3 P_5 R_2	P_3 P_6 R_2		
P_4 P_5 $R_{1,5}$	P_4 P_6 $R_{1,2,4}$			
P_5 P_6 $R_{1,2}$				

Beschreibung der Grenze des Körpers

Im angeführten Beispiel gehört die Grenze des Körpers zur Klasse der scharfen Grenzen.

Schlußfolgerungen

Es zeigt sich, daß die vorgelegten grundlegenden Ergebnisse zu folgendem führen:

1. Es wurde die prinzipielle Möglichkeit der Durchführung einer analytischen Beschreibung geologischer

Körper, die alle ihre Charakteristiken berücksichtigt, gezeigt, wie sie mit kartographischen Methoden dargestellt werden.

2. Es wurden spezielle analytische Formeln für jene Charakteristiken geologischer Körper geschaffen, die auf den Zeichnungen durch Wechselbeziehungen zwischen Linien und zwischen Farben dargestellt werden.

Der Übergang von den kartographischen Methoden der Beschreibung geologischer Körper zur analytischen erfordert für den Vergleich geologischer Körper mathematische Methoden so, wie die analytische Beschreibung Möglichkeiten für die Bildung mathematischer Ausdrücke für das Maß der Ähnlichkeit zwischen den betreffenden geologischen Körpern gibt.

Das Maß der Ähnlichkeit wurde zuerst durch einzelne Charakteristiken ($a_1 — a_{12}$) gebildet, erst später entstanden alle Ähnlichkeitsmaße als eine Linearkombination spezieller Zahlen. In der Formel des gemeinsamen Ähnlichkeitsmaßes werden willkürliche Koeffizienten eingeführt, die die Bedeutung der speziellen Eigenschaften berücksichtigen. Diese Koeffizienten können auf der Grundlage konkreter experimenteller Gegebenheiten gewählt werden. Die Anwesenheit eines gemeinsamen Ähnlichkeitsmaßes zur Bestimmung der wesentlichen Algorithmen erlaubt einerseits, mathematisch begründet die uns interessierenden Eigenschaften der geologischen Körper darzustellen, indem sie sich auf andere Eigenschaften stützen. Andererseits können experimentelle Forschungen effektiv gelenkt werden, die zu zeigen gestatten, welche Messungen und in welchem Umfang für die Lösung der gestellten Aufgabe durchzuführen sind. Die Fragen der Bildung eines solchen Ähnlichkeitsmaßes werden im folgenden Artikel der Autoren behandelt.

Die vorgelegte Methode der Beschreibung erlaubt ein neues Herangehen an die Fragen der Sammlung von Tatsachenmaterial und seiner Bearbeitung. Sie liegt darin begründet, daß durch Sammlung und Bearbeitung von Tatsachenmaterial immer einige Hypothesen berücksichtigt werden können, die das Schema der betreffenden Sammlung und ihrer Bearbeitung festlegen. Richtig können diese Hypothesen nur in dem Fall ausgewählt werden, wenn bekannt ist, welche Art eines Verfahrens für die Beschreibung der zu erforschenden geologischen Körper dann verwendet wird. Bei der kartographischen Methode der Beschreibung ist es nicht möglich, eine genaue Formulierung dieser Verfahren zu geben. Letztere stellt eine subjektive Erforschung auf der Basis der Wahrnehmung dar. Bei der analytischen Methode der Beschreibung werden solche Verfahren exakt formuliert.

Das Vorhandensein analytischer Ausdrücke für die Charakteristik geologischer Körper, die auf den Zeichnungen als Wechselbeziehungen zwischen Linien und zwischen Farben dargestellt wurden, gestattet eine beträchtliche Erweiterung der Möglichkeit der Anwendung verschiedener Algorithmen bei der Lösung konkreter geologischer Aufgaben. Bis jetzt konnten die gesamten Charakteristiken nicht ausgenutzt werden, heute ist bekannt, daß sie eine bedeutende Rolle bei den Verfahren des Vergleichs geologischer Körper spielen.

Bei Bedarf ist es möglich, von der analytischen zur kartographischen Beschreibung in den Grenzen gewisser Fehler zurückzugehen.

Zusammenfassung

Viele wichtige Aufgaben in der Geologie hängen mit dem Vergleich komplizierter geologischer Körper zusammen.

Mathematische Methoden lassen sich zur Lösung dieser Aufgaben so lange nicht anwenden, wie die geologischen Körper nur durch die gegenwärtig üblichen kartographischen Methoden beschrieben werden. Für die Anwendung mathematischer Methoden zum Vergleich geologischer Körper ist es vor allem notwendig, analytische Methoden der Beschreibung auszuarbeiten.

Größte Schwierigkeiten entstehen bei der analytischen Beschreibung jener komplizierten Charakteristiken geologischer Körper, die sich in den Wechselbeziehungen zwischen Linien und Farben ausdrücken. Es wird ein Universalschema einer analytischen Beschreibung geologischer Körper vorgeschlagen, das die komplizierten Charakteristiken berücksichtigt. Spezielle analytische Ausdrücke für solche komplizierten Charakteristiken werden angegeben. Ein illustratives Beispiel für die analytische Beschreibung eines lithologischen Profils wird gezeigt.

Резюме

Многие важные задачи геологии связаны с сопоставлением сложных геологических тел.

Математические методы не могут быть применены при решении этих задач до тех пор, пока геологические тела будут описываться принятыми сейчас картографическими способами. Для применения математических методов при сопоставлении геологических тел прежде всего необходимо разработать аналитические способы описания.

Наибольшие трудности возникают при аналитическом описании тех сложных характеристик геологических тел, которые выражаются на чертежах взаимоотношениями между линиями и между красками, Предлагается универсальная схема аналитического описания геологических тел, учитывающая сложные характеристики. Даются частные аналитические выражения для этих сложных характеристик. Приводится иллюстративный пример аналитического описания литологической колонки.

Summary

In geology, many important problems are connected with a comparison of intricate geological bodies.

Mathematical methods cannot be applied to their solution as long as these bodies are only described by cartographical methods usual at present. It is above all necessary to develop analytical methods of description when using mathematical methods in the comparison of geological bodies.

The greatest difficulties arise when describing analytically intricate characteristics of geological bodies expressed in mutual relations between lines and colours. In the present article a universal scheme considering these intricate characteristics is suggested when describing geological bodies analytically. Special analytical expressions for such characteristics are given and an example illustrating the analytical description of a lithological profile is mentioned.

Literatur

KOSSYGIN, J. A., J. A. WORONIN, T. B. BORUKAEW u. a.: Geologische Struktur, Versuch einer formalisierenden Definition und Beschreibung geologischer Strukturen. — Teil 2: Beschreibung geologischer Strukturen. — Geologija i Geophisika, Nr. 3 (1967).

WORONIN, J. A.: Über die Bildung des Maßes der Unrichtigkeit eines eindimensionalen Netzes. — Geologija i Geophisika, Nr. 7, Nowosibirsk 1968.

WORONIN, J. A., B. K. ALABIN, S. B. GOLDIN u. a.: Geologie und Mathematik. — Verlag Wissenschaft, Nowosibirsk 1967.

Zeitschrift für angewandte Geologie, Bd. 16 (1970), Heft 3

Kornzerbruch und Scherfestigkeit kohäsionsloser Böden

WERNER HEIDENREICH, Dresden

In den letzten Jahren hat der Bau sehr hoher Staudämme immer mehr an Bedeutung gewonnen. Der Grund dafür liegt darin, daß entweder die Untergrundverhältnisse der Sperrenstellen den Bau starrer Mauern verbieten oder daß wirtschaftliche Erwägungen für die Ausführung eines Dammes sprechen. Bedingt durch die großen Schütthöhen bis zu 300 m (Nurek-Damm, UdSSR) war es erforderlich, die Dammbaustoffe auf ihre Scherfestigkeit unter hohen Drücken zu untersuchen. Lange Zeit war das aus gerätetechnischen Gründen nicht möglich, und man mußte die Scherfestigkeitseigenschaften unter hohen Drücken aus Versuchen mit niedrigen Drücken extrapolieren. Für den Reibungswinkel von gut abgestuftem und verdichtetem Brechschotter wurden bei niedrigen Drücken etwa 60° erhalten. Man glaubte daher, mit der Annahme des Reibungswinkels von 45° für Felsmaterial in hohen Dämmen auf der sicheren Seite zu liegen (CASAGRANDE 1965).

Nachdem große Triaxialgeräte zur Verfügung standen, mit denen hohe Drücke erzeugt werden konnten, zeigte sich, daß das keineswegs der Fall ist. Die COULOMBsche Annahme über den linearen Zusammenhang zwischen Normalspannung und Scherfestigkeit erwies sich für größere Bereiche der Normalspannung als ungültig. Für die Scherlinien im Scherfestigkeits-Normalspannungs-Diagramm wurden keine Geraden, sondern leicht zur Normalspannungsachse geneigte Kurven erhalten. Der Reibungswinkel kohäsionsloser Böden nimmt also mit steigender Normalspannung ab.

In vielen aus der Literatur bekannten Untersuchungen wurde weiterhin festgestellt, daß beim Abscheren unter hohen Normalspannungen ein Zerbruch der Einzelkörner der untersuchten Bodenprobe auftritt. Dieser Zerbruch der Einzelkörner und die Abnahme des Reibungswinkels mit steigender Normalspannung sind vielfach in ursächlichen Zusammenhang gebracht worden.

Aus diesem Grunde sind am Institut für Grundbau und Bodenmechanik der Technischen Universität Dresden in den letzten Jahren Versuche durchgeführt worden, um den Einfluß des Kornzerbruchs auf den Abfall des Reibungswinkels zu klären.

Die Versuche wurden mit verschiedenen kohäsionslosen Materialien in Kreisringschergeräten der Bauart OHDE mit 50 cm² Scherfläche durchgeführt. Einige charakteristische Größen der Versuchsmaterialien sind in Tab. 1 angegeben.

Der Bereich der Normalspannung, in dem die Versuche durchgeführt werden konnten, war gerätemäßig beschränkt. Es wurde der Bereich $1 \text{ kp/cm}^2 \leqq \sigma \leqq 10 \text{ kp/cm}^2$ festgelegt. Da der Reibungswinkel in hohem Maße von der Porenzahl abhängig ist, wurden für jedes Material bei konstanter Normalspannung Versuche mit verschiedener Porenzahl der Probe durchgeführt.

Material	U	γ_s	Kornform
Stahlkugeln	1,00	7,54	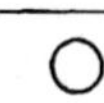
Quarzsand	1,00	2,64	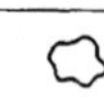
Heller-Sand	1,00	2,66	
Heller-Sand	2,25	2,66	
Heller-Sand	3,75	2,66	
Heller-Sand	6,00	2,66	
Granit (Demitz)	6,00	2,71	

Tab. 1. Kennwerte der Versuchsmaterialien

Die Auswertung der Versuche erfolgte in verschiedenen Stufen. Zunächst wurde für jedes Material bei jeweils konstanter Normalspannung die Abhängigkeit der Scherfestigkeit von der Porenzahl der Probe bei Versuchsbeginn (nach der Normalbelastung) bestimmt. Es wurde dabei angenommen, daß zwischen der Scherfestigkeit und der Porenzahl der Probe bei Versuchsbeginn eine lineare Abhängigkeit besteht.

$$\tau = a + b \cdot e_a \tag{1}$$

Die Werte a und b der Gleichung (1) werden durch lineare Ausgleichungsrechnung gefunden. Die Annahme, entsprechend Gleichung (1), hat sich durch Untersuchungen von SCHULTZE (1968) als hinreichend genau erwiesen, was auch durch die erhaltenen Versuchsergebnisse bestätigt wurde. Um die Ergebnisse der verschiedenen Versuchsmaterialien untereinander vergleichbar zu machen, wurden nun für die den Dichteindizes $I_D = 1{,}00$, $I_D = 0{,}75$, $I_D = 0{,}50$ und $I_D = 0{,}25$ entsprechenden Porenzahlen die Beziehungen zwischen der Scherfestigkeit und der Normalspannung ermittelt. Es zeigte sich dabei, daß sich die τ-σ-Linien mit guter Näherung als Parabeln der Form

$$\tau = p \cdot \sigma^q \tag{2}$$

darstellen lassen.

Die bei der Auswertung entsprechend Gleichung (2) erhaltenen Parameter q der Scherlinien, die die Abnahme des Reibungswinkels mit steigender Normalspannung charakterisieren, sind für die Versuchsmaterialien in Abhängigkeit vom Dichteindex in Tab. 2 angegeben. Da bei der Auswertung der Versuche

Eingang des Manuskripts in der Redaktion: 4. 11. 1969.

Tab. 2. Parameter q der Scherlinien

	I_D = 1,00	I_D = 0,75	I_D = 0,50	I_D = 0,25
Stahlkugeln	q = 0,933	q = 0,911	q = 0,894	q = 0,874
Quarzsand	q = 0,953	q = 0,942	q = 0,928	q = 0,910
Heller-Sand	q = 0,926	q = 0,916	q = 0,894	q = 0,873
Granit	q = 0,860	q = 0,888	q = 0,925	q = 0,980

mit Heller-Sand verschiedener Ungleichförmigkeit keine Abhängigkeit der Versuchsergebnisse von der Ungleichförmigkeit festgestellt werden konnte, wurden die Mittelwerte aus den Versuchen mit den vier Heller-Sanden für jeweils konstante Normalspannung und konstanten Dichteindex gebildet.

Der Kornzerbruch beim Abscheren wurde festgestellt, indem die Kornverteilung vor und nach dem Versuch verglichen wurde. Die Summe der positiven Differenzen der Siebdurchgänge entsprechend der Sieblinie vor und nach dem Versuch diente als Maß für den Kornzerbruch. In Abb. 1 ist die Versuchsauswertung hinsichtlich des Kornzerbruchs dargestellt. Bei den Stahlkugeln trat kein Kornzerbruch auf.

Vergleicht man nun die Versuchsergebnisse der verschiedenen Materialien, so zeigt sich, daß die Parameter q der Scherlinien für die Stahlkugeln und Heller-Sande etwa gleich groß sind, obwohl bei den Stahlkugeln kein Kornzerbruch auftrat. Das weist darauf hin, daß der Abfall des Reibungswinkels mit steigender Normalspannung nicht unbedingt mit einem Bruch der Einzelkörner der Probe verbunden sein muß. Auch bei Versuchen mit eiszeitlichem Moränenmaterial, über die CASAGRANDE berichtet, trat eine erhebliche Abnahme des Reibungswinkels ein, obgleich kein Kornzerbruch festgestellt werden konnte.

Worin ist nun aber die Ursache der Abnahme des Reibungswinkels mit steigender Normalspannung zu suchen?

LEE & SEED (1967) haben die bei Scherversuchen gemessene MOHR-COULOMBsche Scherfestigkeit analysiert.

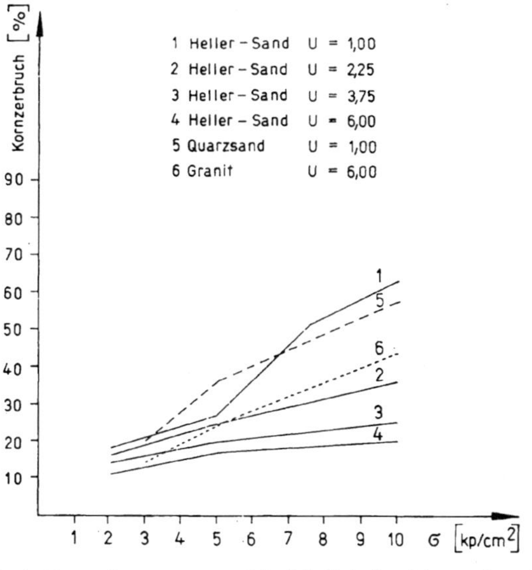

Abb. 1. Versuchsauswertung hinsichtlich des Kornzerbruchs

Sie gehen dabei davon aus, daß sich die gemessene Scherfestigkeit aus drei Komponenten zusammensetzt: aus einem Anteil infolge Materialreibung, aus einem Anteil infolge Volumenänderung der Probe und aus einem Anteil infolge Kornzerbruch und Kornumwälzung.

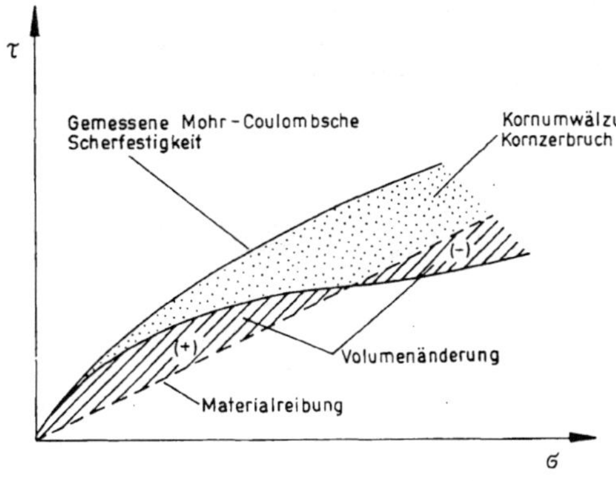

Abb. 2. Komponenten der Scherfestigkeit nach LEE & SEED (1967)

Eine schematische Aufteilung der Scherfestigkeit eines dichten Sandes nach LEE & SEED ist in Abb. 2 gezeigt. Bei sehr kleinen Normalspannungen setzt sich danach die Scherfestigkeit eines dichten Sandes nur aus den Anteilen infolge Materialreibung und Volumenänderung der Probe zusammen. Mit steigender Normalspannung nimmt der Anteil aus Volumenänderung bis auf Null ab, um dann negative Werte anzunehmen. Der Anteil aus Kornzerbruch und Kornumwälzung nimmt mit steigender Normalspannung ständig zu. Der Kornzerbruch und die Kornumwälzung sind in ihren Auswirkungen auf die Scherfestigkeit als qualitativ gleichwertig anzusehen. In den Fällen, in denen das untersuchte Material so beschaffen ist, daß kein Kornzerbruch auftritt, sind also allein die Volumenänderung und die Kornumwälzung maßgebend für den Abfall des Reibungswinkels.

Zusammenfassung

Durch Scherversuche mit verschiedenen kohäsionslosen Materialien wurde untersucht, inwieweit der Abfall des Reibungswinkels bei steigender Normalspannung vom oft beobachteten Zerbruch der Einzelkörner beim Abscheren abhängig ist. Es wurde festgestellt, daß der Reibungswinkel mit steigender Normalspannung auch dann abnimmt, wenn kein Kornzerbruch auftritt. In diesem Fall wird der Abfall des Reibungswinkels allein durch die Volumenänderung der untersuchten Probe und durch die Kornumwälzung während des Abscherens verursacht.

Резюме

Испытаниями на скаличвание разлиных несцепляющихся материалов исследовалась степень зависимости уменьшения угла трения при повышении нормального напряжения от часто наблюдающегося скалывания отдельных зерен при срезывании. Выяснилось, что угол трения уменьшается при повышении нормального напряжения и тогда, когда скалывание зерен не имело место. В этом случае уменьшение угла трения обусловлено исключительно изменением объема исследованного образца и вращением зерен при срезывании.

Summary

By shear tests made with various cohesionless materials the dependence of the decline of the friction angle was investigated at an increasing normal stress on the breakage of single grains often observed during the process of shearing. The friction angle was found to decrease with increasing normal stress even if grains are not broken. In this case a decline of the friction angle is only caused by a change of volume of the sample tested and by a revolution of the grain during the process of shearing.

Literatur

CASAGRANDE, A.: Hohe Staudämme. – Mitt. Inst. Grundbau Bodenmechanik Techn. Hochsch. Wien, 6, 7–36 (1965).

HEIDENREICH, W.: Untersuchung des nichtlinearen Scherfestigkeitsverhaltens kohäsionsloser Böden und seiner Auswirkungen auf die Schubspannungsverteilung unter Böschungen und Dämmen. – Diss. Techn. Univ. Dresden 1969.

LEE, K. L., & H. B. SEED: Drained strength characteristics of sand. – Proc. ASCE, SM 6, 117–141, New York 1967.

SCHULTZE, E.: Der Reibungswinkel nichtbindiger Böden. – Bauingenieur, 9, 313–320, Berlin 1968.

Über faziell-ökologische Gliederungsmöglichkeiten im Zechstein

HANSPETER JORDAN, Freiberg, & KLAUS KERKMANN, Weimar
(Sektionsveröffentlichung Nr. 76)

Die Bedeutung des Zechsteins für die Wirtschaft ist unbestritten, die investierte wissenschaftliche Kapazität entsprechend groß. Der Zechstein gehört deshalb zu den am besten bekannten und durchforschten Systemen. Dennoch gibt es auch hier noch zahlreiche offene Fragen; einigen wollen wir uns im folgenden in Verbindung mit methodischen Fragen widmen.

1. Zur Bedeutung faziell-ökologischer Forschung für die Interpretation gewonnener Daten

Die Fazies als Gesamtheit der lithologischen und paläontologischen Merkmale einer Ablagerung, die einerseits von physisch-geographischen, andererseits von geologischen Verhältnissen des Abtragungs- und Ablagerungsgebiets bestimmt werden, und die Ökologie als die Lehre von den Lebensweisen und -bedingungen und deren Wechselbeziehungen spielen in der modernen geologischen Forschung eine entscheidende Rolle. Wir berücksichtigen heute fazielle Faktoren mehr als bisher und erkennen zunehmend den komplexen Charakter des Verhältnisses zwischen Organismus und Umwelt mit allen seinen Wechselwirkungen. Man kann sagen, daß die Fossilien eine entscheidende Rolle als Faziesindikatoren spielen. Heterope, synchrone Faziesbereiche haben in der Regel spezifische, voneinander abweichende Faunen- und Florengemeinschaften zum Inhalt, deren Studium und Kenntnis zahlreiche, sehr wesentliche Daten zur Beurteilung von Fazies, Paläogeographie usw. ergeben. Dabei spielt die Ökologie als Faktor der Fazies für deren Interpretation gelegentlich die entscheidende Rolle.

Die Bedeutung der faziell-ökologischen Untersuchungen als Bestandteil paläontologischer Forschung für die geologische Forschung und Praxis soll an einigen Beispielen erläutert werden. Ihre Ausstrahlung erstreckt sich auf die Fazieslehre, auf die Systemanalyse, nicht zuletzt auch auf paläogeographische Fragen und vieles andere mehr.

„Erst die bionomische" (= ökologische) „Analyse aller Organismen der Fundschicht wie auch des Liegenden und Hangenden gibt ein zuverlässiges Bild. Ein entscheidender Vorteil der Benutzung der Fossilien ist, daß eine Diagenese oder eine andere sekundäre Änderung des Chemismus des Gesteins diese Indikatoren nicht verändern" (HILTERMANN 1966, S. 493).

Eingang des Manuskripts in der Redaktion: 27. 8. 1969.

2. Faziell-ökologische Gliederungsmöglichkeiten im Zechstein

Seit den grundlegenden Arbeiten von RICHTER-BERNBURG ist die zyklische Gliederung des Zechsteins im Germanischen Becken Allgemeingut. Dieses Gliederungsprinzip ist für die vollständige Entwicklung im Beckeninneren aufgestellt worden. Erst später gelang es, terrestrische, marin-randliche und rezifale Bildungen in dieses Gliederungsschema einzuordnen (SUWEIZDIS 1963, ULLRICH 1964, KRASON 1964, TONNDORF 1965, KERKMANN 1967 u. a.) (Korrelationstabelle). Dieser Anschluß ist durch lithofazielle und biofaziell-ökologische Vergleiche möglich geworden. Dabei stellte sich ebenfalls heraus, daß die Fossilien mehr und mehr als Faziesindikatoren Bedeutung erlangten und ihre Rolle als „Leit"fossilien eingeschränkt wurde. Tatsächlich ist die Rolle der Paläontologie in letzter Zeit in faziellen und ökologischen Fragen evident geworden.

Am Südostrand des Thüringer Beckens, im Thüringer Becken selbst sowie im Vergleich mit Profilen auf Rügen, in Łeba (Nordpolen), Südpolen und Litauen finden sich beim Studium der Faunenassoziationen Gesetzmäßigkeiten, die bei entsprechender ökologischer Interpretation wertvolle Rückschlüsse auf Paläogeographie und Fazies gestatten. Am Beispiel der Mikrofauna des Zechsteins 1 können wir folgendes erkennen: Sedimente unterschiedlicher Faziesbereiche (küstennah/near-shore, küstenfern/off-shore, Klippenbereich, Schwellenfazies usw.) haben unterschiedliche Faunenelemente zum Inhalt. So sind mikropaläontologisch die Near-shore-Fauna insbesondere durch die Ostrakoden *Kirkbya permiana* und Vertreter der Bairdiidae sowie uniseriale Foraminiferen und *Agathammina pusilla*, die Off-shore-Fauna durch die Ostrakodengattungen *Roundyella*, *Healdia*, *Triceratina*, *Monoceratina*, *Acratia* und Bairdiidae, daneben durch uniseriale Foraminiferen, Scolecodonten und Echinodermenreste, die Klippenfazies fast ausschließlich durch *Agathammina pusilla* und Ver-

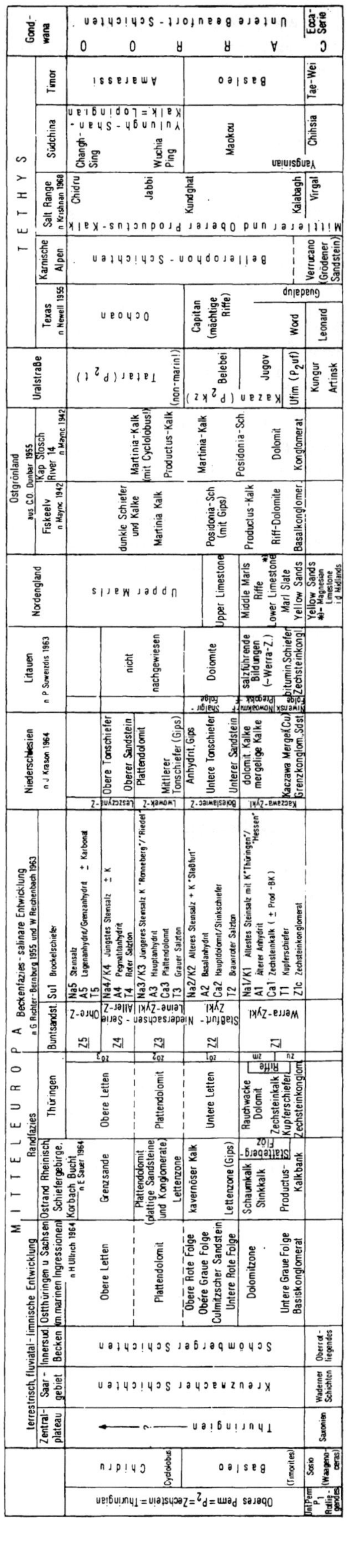

Abb. Korrelationstabelle des Zechsteins

treter der Bairdiidae, die Schwellenfazies des Off-shore-Bereichs durch das Hinzutreten der Ostrakodengattung *Healdia* sowie Agathamminen und Scolecodonten charakterisiert.

Von rezenten Vergleichen wissen wir, daß bei den Ostrakoden neben dem Substrat die Wassertiefe, die Temperatur, die Durchlichtung und -lüftung des Wassers, die Wasserstoffionenkonzentration, die Salinität, die Alkalinität, der gelöste Sauerstoff, der Phosphatgehalt die entscheidenden ökologischen Faktoren sind (PURI, BONADUCE & MALLOY 1964). Die Faktoren, die die benthonischen Faunen wesentlich beeinflussen, sind vor allem die Salinität, das Substrat, die Wassertiefe und der gelöste Sauerstoff. So haben PURI u. a. für die Near-shore-Fazies eine maximale Wassertiefe von 100 m festgestellt, sandartige Sedimente mit einer Korngröße >0,1 mm, eine Salinität bis zu 50 m Wassertiefe von 37,5‰ und darüber von maximal 38‰. Dagegen reicht die Off-shore-Fazies von 100—300 m Wassertiefe und weist ein tonartiges Sediment mit einer Korngröße von <0,1 mm und einer höheren Salinität (maximal 39‰) auf.

Diese Faktoren stimulieren die Ostrakodenfaunen und führen zu qualitativen und quantitativen Unterschieden in der Zusammensetzung der Faunen des Near-shore- bzw. Off-shore-Bereichs. In Arealen mit einer Durchmischung der faziell-ökologischen Einflüsse treten Mischfaunen auf, wie sie z. B. KNÜPFER (1967) aus dem Zechstein der Bohrung Rügen 4 beschrieben hat (vgl. JORDAN 1968). Auf diese Weise können mit Hilfe der Faunenzusammensetzungen küstennächste, küstennahe und küstenferne Bereiche sowie Klippen- und Schwellenfazies sehr gut unterschieden werden. Wie regionale Vergleiche zeigen, können gleiche oder ähnliche Fazies in z. T. recht weit voneinander entfernten Gebieten auch gleiche oder ähnliche Faunenassoziationen aufweisen, sofern die Möglichkeit zu einem direkten Faunenaustausch bestand (Thüringer Becken — Bohrung Łeba, Europa — Amerika). Daher können unter Berücksichtigung der faziell-ökologischen Gegebenheiten mit den Faziesfossilien auch eine stratigraphische Einstufung und Korrelation vorgenommen sowie paläographische Schlüsse gezogen werden. Auch bei den Foraminiferen zeigen sich ähnliche Gesetzmäßigkeiten. So kommen die im Thüringer Becken nachgewiesenen Foraminiferen nach SCHERP (1962) im Unteren, z. T. auch im Mittleren Zechstein Nordwestdeutschlands vor. Von SCHERP nur für den Mittleren Zechstein nachgewiesene Arten sind in den untersuchten Profilen Thüringens nicht vorhanden, so daß auf diese Weise der Leitcharakter der Formen unter Berücksichtigung von Ökologie und Fazies indirekt bestätigt wird. Es empfiehlt sich, bei der Verwendung der Foraminiferen für stratigraphisch-fazielle Belange quantitativ-statistisch zu arbeiten. So nehmen im Ca1-Profil Thüringens von unten nach oben *Ammodiscus*, *Lunucammina* und *Ammobaculites* an Häufigkeit zu, *Nodosinella* und *Glomospira* ab.

Wenn man nun die einzelnen Karbonatfolgen des Zechsteins, Ca1 — Ca2 — Ca3, hinsichtlich ihrer Faunen- (und auch Floren-)Führung betrachtet, so fallen folgende Abhängigkeiten auf:

Im Zechstein 1 haben wir eine relativ reiche, von NW über Ostgrönland und England eingewanderte

Fauna, die sich vorwiegend entlang den Rändern des Germanischen Zechstein-Beckens verbreitete. Im N drang sie über Rügen nach Nordpolen, im W, S und E über die Wetterau nach Thüringen, Dolny Śląsk und in die nordpolnisch-litauische Syneklise vor.

Diese im Zechstein 1 vielfältigen Faunen- und Florenassoziationen haben optimale Lebensbedingungen z. Z. des Karbonats (Ca1) vorgefunden, und zwar bis zu einem Zeitpunkt, da die ökologischen Voraussetzungen infolge erhöhter Salinität (Hyposalinar) nicht mehr gegeben waren. In Gebieten der späteren Salinarabscheidung, zunächst besonders im Werra-Teilbecken unter den Anhydrit- und Halitwällen, setzte zuerst eine allmähliche Verarmung der Faunen ein. Die Ursachen dafür sind rein faziell-ökologischer Art.

Im Zechstein-2-Karbonat tritt uns eine bereits stark dezimierte Fauna gegenüber, die die erste Phase erhöhter Salinität (z. Z. des Werra-Salinars) überlebt hat. Die übrigen Faunenelemente sind entweder emigriert (sofern das noch möglich war) oder ausgestorben. Dennoch ist nach unseren neueren Untersuchungen die Makro- und vor allem die Mikrofauna reicher, als bisher angenommen. Im Zechstein-2-Karbonat haben wir noch eine relativ reiche Lamellibranchiaten-Gastropoden-Brachiopoden-Fauna mit *Schizodus*, *Allorisma*, *Pseudomonotis*, *Liebea*, *Permophorus*, *Nucula* sowie *Pleurotomaria*, *Euomphalus* und *Naticopsis*, zusammen mit Ostrakoden (Bairdien, selten *Kirkbya*, *Monoceratina*? u. a.), Foraminiferen (*Ammodiscus* ff, *Agathamminamiliolides*, *Dentalina*, *Nodosaria*, *Lunucammina*, *Reophax*? u. a.), Scolecodonten ff. Nach der sehr intensiven Eindampfungsphase des Zechsteins 2 (Staßfurt-Salinar) sind im Zechstein-3-Karbonat nur noch sehr wenige Arten von *Schizodus*, *Liebea* und einigen anderen, die als Seichtwasserbewohner charakterisiert sind, vorhanden. Sie treten aber mit großer Individuenzahl auf. Diese Gattungen müssen also als die resistentesten (Halophile) angesehen werden. Aber auch sie überlebten nicht die weiteren Abfolgen. Ein Austausch der im Germanischen Zechstein-Becken eingeschlossenen Faunen mit dem offenen Meer war nicht mehr möglich. So kam es zu einem völligen Niedergang der Zechstein-Fauna im Areal des Germanischen Beckens (Hyper-, Nekrosalinar). Die Faunen der Trias haben hier ihre Wurzeln nicht in den oberpermisch-zechsteinischen. „Allgemein gilt, daß im Salinar statt mariner Organismen wieder die für das Brackwasser charakteristischen euryhalinen Formen leben. HESSE (1924) unterscheidet drei ökologische Gruppen: Haloxene als nur gelegentlich in Salinaren vorkommende euryhaline Organismen, die schon bei einer Salinität von etwa 100% fehlen. Bei solchen Salzgehalten finden sich aber Halophile noch ziemlich regelmäßig. Auf konzentriertere Salzwässer beschränkt sind Halobien. Die beiden letzten Gruppen kommen in der für ökologische Pessima charakteristischen Massenentwicklung vor, wobei die Zahl der Arten mit steigendem Salzgehalt zurückgeht" (HILTERMANN 1966, S. 491).

Diese qualitativen und quantitativen Unterschiede in den Faunenzusammensetzungen sind, wie oben dargelegt wurde, faziell-ökologisch bedingt, können aber auch für stratigraphische Belange genutzt werden. Die Fauna als Faziesindikator kann, komplex betrachtet, auch für die stratigraphische Einstufung und Korrelierung verwandt werden.[1]) Es liegt auf der Hand, daß damit auch der Schlüssel für paläogeographische Fragen vorhanden ist.

3. Faziell-ökologische Gliederung der Riffkomplexe des Zechsteins

Die Riffbildungen des Zechsteins sind an sich bereits eine spezielle Fazies. Es soll jedoch gezeigt werden, daß es nötig und möglich ist, weitere faziell-ökologische Unterteilungen vorzunehmen. Die Gliederungsbestrebungen werden dabei insofern unterstützt, als die Zechstein-Riffe die Sammelpunkte der marinen Organismen gewesen sind, so daß — ähnlich wie in manchen Horizonten des Zechstein-Kalks — neben die qualitativen Aussagen auch quantitativ-statistische treten können. Hinzu kommt ein breites Spektrum petrographischer Varietäten, für deren Interpretation allerdings eingehende Detailstudien im Schliffbereich nötig sind, so daß hier eine Arbeitsrichtung zur Anwendung kommt, die in der modernen Lithologie als „mikrofazielle Methode" bezeichnet wird. Dabei bezieht sich der Terminus „mikrofaziell" nicht so sehr auf das Areal der betreffenden „Unterfazies" als vielmehr auf die Dimension des jeweils betrachteten Ausschnitts. Auf den ersten Blick entsteht so ein Mehraufwand, der sich bei näherer Betrachtung jedoch als scheinbar erweist, da die geologischen Untersuchungen derzeit fast ausschließlich auf Bohrungen, also punktförmigen Aufschlüssen, basieren, die möglichst sinnvoll in einen großräumlichen Zusammenhang gebracht werden müssen.

Dies gilt in besonderem Maße für die Riffkomplexe des Zechsteins, die im gesamten Areal dieses Sedimentationsbeckens Gegenstand intensiver Erkundungen waren und noch sind. Dabei schicken wir voraus, daß die „oolithischen" Bildungen infolge ihrer noch zu erläuternden genetischen Abhängigkeit mit hinzugerechnet werden sollen.

Basis der Faziesinterpretation ist auch hier die Klärung der ökologischen Zusammenhänge. Daher sollen zunächst einige Gruppen der Zechstein-Organismen herausgegriffen werden, um deren ökologische Charakteristika darzulegen.

Die Bryozoen z. B., die von den älteren Autoren als die wichtigsten Rifforganismen angesehen wurden, treten nur an einigen Stellen, besonders in den Frischwasserarealen, gehäuft auf. Die individuenreichsten Gattungen, *Fenestella* und *Thamniscus*, sind in gewisser Hinsicht zur Faziesinterpretation geeignet, da *Fenestella retiformis* etwas tieferes, leicht bewegtes Wasser bevorzugt, während *Thamniscus* eher in ruhigeren Bereichen anzutreffen ist. Die seltenen Gattungen *Synocladia* und *Penniretepora* sind typische Frischwasseranzeiger.

Auch unter den Brachiopoden gibt es Arten, wie z. B. *Productus* (*Horridonia*) *horridus* und *Neospirifer alatus*, die fast ausschließlich in der gutdurchlüfteten Bewegtwasserzone anzutreffen sind, und hier gleich massenhaft, wie die unter den küstenferneren Riffen liegenden „Klippendolomite" zeigen. *Strophalosia exca-*

[1]) Nach SCHINDEWOLF (1950) = Oekostratigraphie.

vata dagegen kommt in den nicht zu strandnahen Lagunenbereichen in ganzen Bänken, allerdings meist als kleinwüchsige „Kümmerform", vor.

Die Brachiopoden insgesamt sind gegenüber den Lamellibranchiaten bei quantitativer Betrachtung um einen deutlich wahrnehmbaren Betrag in die küstenferneren, tieferen Riffareale verschoben, wie dies bereits LIEBE für den Zechsteinkalk beobachtet hat. Wenn das in neuerer Zeit z. T. angezweifelt wurde (z. B. durch MALZAHN 1957), so muß hinzugefügt werden, daß sich eine scharfe Trennung innerhalb der Lamellibranchiaten als notwendig erweist. Man kann zwei Gruppen beobachten, deren eine (mit *Permophorus*, *Schizodus*, *Liebea*), als „sessile" behelfsmäßig umschrieben, das Seichtwasser charakterisiert, während die „vagilen" *Pseudomonotis*, *Bakevellia*, *Lima*, *Streblopteria* küstenfernere Regionen bevorzugen, wobei die letztgenannten sogar als Frischwasseranzeiger gelten können.

Die Gastropoden der Riffbereiche können bisher kaum zur eindeutigen ökologischen Charakterisierung herangezogen werden; es müßten hierfür gezielte Aufsammlungen und kritische Revisionen erfolgen. Die Echinodermen dagegen zeigen pauschal gutdurchlüftete Areale an.

Für die Ostrakoden trifft im wesentlichen das bereits oben für den geschichteten Zechstein Gesagte zu. Bei den Foraminiferen ist das Massenvorkommen spiraliger Formen in den Hinterriffbereichen charakteristisch, während die uniserialen Arten seltener sind und die eigentlichen Riffe bevorzugen.

Für den Riffaufbau insgesamt und für die Ausbildung des breiten Spektrums der ökologisch erfaßbaren Untergruppen ist aber die marine Flora noch wichtiger. Es treten hauptsächlich Kalkalgen auf, neben einigen Chlorophyceen, vor allem Cyanophyceen.

Unter den Chlorophyceen charakterisieren die allerdings sehr seltenen Dasycladaceen die Leeseite der Flachwasserriffe. Die Gattung *Tubulites*, vermutlich zu den Codiaceen zu stellen, ist ebenfalls meist im Flachwasser anzutreffen und tritt in den Algenbänken der höheren Zechstein-Karbonate z. T. massenhaft auf.

Noch größere Bedeutung haben jedoch die „Stromarien" des Zechsteins, die man nach Vergleichen mit fossilen und rezenten Vertretern (siehe z. B. GINSBURG, MONTY) nur als Cyanophyceenlager deuten kann. Sie treten in äußerst mannigfaltigen Formenvarianten auf, die von großen schichtigen Lagern über knotige Formen bis zu den kleinen Globoid-Varietäten (KERKMANN 1967) reichen. Es können hier nicht alle Zusammenhänge dargelegt werden, man vergleiche KERKMANN 1969. Die Globoide (Onkoide, Pellets, Ooide z. T.) kommen besonders in den Hinterriffbereichen vor, sind also in Übereinstimmung mit den rezenten Befunden als Flachwasserformen zu deuten. Das trifft im wesentlichen auch für die überwiegend aus Globoiden aufgebauten Algenbänke der jüngeren Karbonat-Serien des Zechsteins (z. B. die „Oolithzone") zu.

Wenn man die Ergebnisse der mikrofaziellen Studien mit einbezieht, kann man zu einer Typisierung der Faziesbereiche gelangen, die als Großschema z. B. für die Riffkomplexe der Werra-Serie folgendermaßen aussieht:

I. Riffbereich
   1. küstenfernere Riffe (Luvseite);
   2. küstenfernere Riffe (Leeseite);
   3. Flachwasserriffe;
   4. Frischwasserriffe;

II. Zwischenriffgebiete
   5. Frischwasserbuchten;
   6. Lagunen (strandfern);
   7. Lagunen (strandnah);

III. Vorriffbereich
   8. Riffschuttkegel (Fore Reef);
   9. Übergang in tieferes Wasser (Off Reef);

IV. Hinterriffbereich (Back Reef i. w. S.)
   10. Algenrasen;
   11. Kleinbioherme (Patch Reefs);
   12. Bereich der Globolith-Bänke;

V. Strandzone
   13. Flachstrand;
   14. Klippenzone (Turbulenzbereich).

Jeder Faziestyp ist — wie oben schon angedeutet — durch ökologische und mikrofazielle Daten charakterisiert. Für die Brauchbarkeit dieser Faziestypisierung in der Praxis spricht die Tatsache, daß auch punktförmige Aufschlüsse — wie z. B. zahlreiche Bohrungen im Thüringer Becken — gut in das Schema eingegliedert werden konnten und somit exakte Beiträge für die Aufstellung paläogeographischer Karten lieferten. Die Klärung der paläogeographischen Zusammenhänge aber ist bei der Suche von synsedimentären oder an eine bestimmte Fazies gebundenen epigenetischen Lagerstätten von zumindest ebensolcher Bedeutung wie eine genaue Stratigraphie. Dabei sind gute Ansatzpunkte für eine Extrapolation dieser Ergebnisse gegeben, wie Vergleiche mit Proben aus Zechstein-Bohrungen außerthüringischer Gebiete gezeigt haben.

4. Schlußbemerkungen und Ausblick

Die vorstehenden Ausführungen sollten zeigen, daß auch eine biostratigraphisch kaum gliederbare Serie, wie sie der Zechstein darstellt, mit Hilfe ökologisch-fazieller Methoden erfaßt werden kann. Es wird darauf hingewiesen, daß eine Kombination großräumlicher Faziesuntersuchungen mit mikrofaziellen Studien, eine Verknüpfung paläontologisch-ökologischer und mineralogisch-petrographischer Untersuchungen eine wirklich stichhaltige Interpretation gestattet. Grundlage für eine solche Interpretation ist die paläontologische Arbeit, wobei eine exakte Taxonomie, durch statistische Methoden untermauert, unerläßlich ist.

Ein Ergebnis solcher Untersuchungen sollte sein, eine Art Katalog der ökologisch-faziellen Systeme aufzustellen, die u. E. auf eine erfaßbare Anzahl von Grundtypen zurückzuführen sind, wie die oftmals erstaunlichen Konformitäten andeuten. Das wäre als eine „Biostratigraphie auf höherer Ebene" ein unschätzbares Hilfsmittel für die weitere geologische Arbeit.

Zu beachten ist allerdings, daß die Ergebnisse nicht schematisch angewendet werden. Die von uns aufgeführten Untergliederungen z. B. beziehen sich im wesentlichen auf die räumliche Anordnung eines Zeitabschnitts, die nun mit der vertikalen Abfolge kombiniert werden müßten, die wiederum deutlich die obenangeführte Tendenz der Auslese und Anpassung an die zunehmende Salinität aufweist.

Dabei gehen — wie ebenfalls oben angedeutet wurde — die Aussagemöglichkeiten oft noch über die eigentliche ökologisch-fazielle Interpretation hinaus. Im Falle der Zechstein-Riffe konnten u. a. die Gesetzmäßigkeiten der Petrogenese und Diagenese sowie der regionalen Anordnung wirtschaftlich wichtiger Gesteinstypen auf dem Wege ökologischer Studien geklärt werden. Die Bedeutung der Untersuchungen für die Praxis generell liegt auf der Hand.

Zusammenfassung

Die Bedeutung der faziell-ökologischen Untersuchungen als Bestandteil paläontologischer Studien für die geologische Forschung und Praxis wird an Beispielen aus dem Zechstein erläutert.

An Hand mikrofaunistischer Untersuchungen werden im Zechstein 1 unterschiedliche Faziesbereiche (küstenfern/off-shore, küstennah/near-shore, Klippenbereich, Schwellenfazies usw.) unterschieden.

Mit Hilfe paläontologischer und mikrofazieller Methoden wird der Riffkomplex als spezielle Fazies im Zechstein in küstenferne Flachwasser- und Riffgebiete, den Vorriff- und Hinterriffbereich sowie die Strandzone gegliedert. Die Bedeutung dieser Untersuchungen für die Praxis besteht darin, daß so auch punktförmige Aufschlüsse (Bohrungen) Beiträge für eine sehr detaillierte Paläogeographie und fazielle Untergliederung liefern.

Резюме

На примерах из цехштейна показывается значение фациально-экологических исследований как часть палеонтологических работ для геологического исследования и практики.

На основе микрофаунистических исследований выделяют в цехштейне различные фациальные области (удаленные от берега/off-shore, прибрежные/near-shore, область утесов, фации порогов и. т. д.).

При помощи палеонтологических и микрофациальных методов рифовый комплекс расчленяется как специальная фация цехштейна на области удаленные от берега, на мелководные и рифовые, на предрифовую и зарифовую области, а также на береговую зону. Практическое значение этих исследований состоит в том, что даже точечные обнажения (скважины) дают указания для очень детальной палеогеографии и данные для фациального подразделения.

Summary

The importance of investigations of the facies and ecology as constituents of paleontological studies for the geological research and practice is illustrated by examples from the Zechstein (Upper Permian).

By means of microfaunistic studies different ranges of facies (off-shore, near-shore, zone of rocks, sill facies, etc.) are distinguished in the Zechstein 1.

Palaeontological methods and methods of microfacies serve to classify the reef complex as a special facies in the Zechstein into zones situated at a greater distance from the shore, flat water and reef zones, zones in the front and at the rear of reefs, as well as beach zone. The importance of such investigations for the practice consists in the fact that point-shaped exposures (bore holes), too, contribute to a very detailed palaeogeography and subdivision of the facies.

Literatur

Ginsburg, R. N.: Ancient analogues of recent stromatolites. — Intern. Geol.-Kongr., Rep. 21. Session Norden, XXII, Kopenhagen 1960.

Häusser, I.: Lithologische und paläontologisch-stratigraphische Untersuchungen der Muschelzone (Gesteinstyp 5) des Zechstein 2 im Thüringer Becken. — Unveröff. Dipl.-Arb., Freiberg 1967.

Hiltermann, H.: Klassifikation rezenter Brack- und Salinar-Wässer in ihrer Anwendung für fossile Bildungen. — Z. dt. geol. Ges., **115** (1963), Hannover 1966.

Jordan, H.: Neue taxionomische und biostratigraphische Ergebnisse mikropaläontologischer Untersuchungen im germanischen Zechsteinbecken. — Ber. dt. Ges. geol. Wiss., Geol. Paläont., **13**, 2, Berlin 1968 [1968a].

— Zur Kenntnis der Productiden (Brach.) aus dem germanischen Zechsteinbecken. — Freiberger Forsch.-H., C 221, Leipzig 1968 [1968b].

— Zur Biostratigraphie und Fazies des Zechsteins im Germanischen Becken, unter besonderer Berücksichtigung des Thüringer Beckens. — Freiberger Forsch.-H., C 245, Leipzig 1969.

Kerkmann, K.: Über „Oolithe" und „Stromatolithe" und die Beteiligung von Algen an der Kalksteinbildung. — Wiss. Z. Hochsch. Architektur u. Bauwesen Weimar, **13**, Weimar 1967.

— Riffe und Algenbänke im Zechstein von Thüringen. — Freiberger Forsch.-H., C 252, Leipzig 1969.

Knüpfer, J.: Zur Mikrofauna aus dem unteren Teil des Zechsteins von Rügen. — Freiberger Forsch.-H., C 213, Leipzig 1967.

Krömmelbein, K.: Ostracoden aus dem Unteren Zechstein der Bohrung Łeba in Pommern. — Geol. Jb., **75** (1958), Hannover 1959.

Malzahn, E.: Neue Fossilfunde und vertikale Verbreitung der niederrheinischen Zechsteinfauna in den Bohrungen Kamp 4 und Friedrich Heinrich 57 bei Kamp Lintfort. — Geol. Jb., **73**, Hannover 1957.

Monty, C.: Recent Algal Stromatolites in the Windward Lagoon, Andros Island, Bahamas. — Ann. Soc. Geol. Belg., **88** (1964/65), B, Brüssel 1965.

Puri, H. S., G. Bonaduce & J. Malloy: Ecology of the Gulf of Naples. — Publ. staz. zool. Napoli, **33**, supl., Neapel 1964.

Richter-Bernburg, G.: Über salinare Sedimentation. — Z. dt. geol. Ges., **105** (1953), Hannover 1955 [1955a].

— Die stratigraphische Gliederung des deutschen Zechsteins. — Z. dt. geol. Ges., **105** (1953), Hannover 1955 [1955b].

Scherp, H.: Foraminiferen aus dem Unteren und Mittleren Zechstein Nordwestdeutschlands, insbesondere der Bohrung Kamp Lintfort. — Fortschr. Geol. Rheinland u. Westfalen, **6**, Krefeld 1962.

Schindewolf, O. H.: Grundlagen und Methoden der paläontologischen Chronologie. — Verl. Gebr. Borntraeger, Berlin-Nikolassee 1950.

Seifert, J.: Das Perm am Südostrand des Thüringer Beckens. — Unveröff. Diss., Weimar 1967.

Suweizdis, P. I.: Werchnepermskie otloschenija Polsko-Litowskoj sineklisy. — Wopr. geol. Litwy, Wilnjus 1963.

Tonndorf, H.: Beiträge zur Geochemie des randnahen Zechsteins in den Mulden von Zeitz–Schmölln und Borna unter besonderer Berücksichtigung der Stratigraphie, Fazies und Paläogeographie. — Freiberger Forsch.-H., C 187, Leipzig 1965.

Ullrich, H.: Zur Stratigraphie und Paläontologie der marin beeinflußten Randfazies des Zechsteinbeckens in Ostthüringen und Sachsen. — Freiberger Forsch.-H., C 169, Leipzig 1964.

(Abbildungen, die zum Verständnis des vorliegenden Vortrags beitragen, sind bei Jordan 1968, 1969 und Kerkmann 1967, 1969 veröffentlicht. Es wurde hier auf eine nochmalige Wiedergabe verzichtet.)

Zum Berggesetz der Deutschen Demokratischen Republik

Heinz Eichhof, Berlin

(ZVK-Veröffentlichung Nr. 19)

Am 12. Juni 1969 trat das Berggesetz der Deutschen Demokratischen Republik in Kraft. Mit ihm wurden einheitliche sozialistische Rechtsvorschriften für die bergbauliche Tätigkeit erlassen, die zur Durchsetzung entsprechender Verfassungsgrundsätze und zur weiteren Gestaltung des entwickelten gesellschaftlichen Systems des Sozialismus und seines Kernstücks, des ökonomischen Systems in der Deutschen Demokratischen Republik, notwendig sind.

Das Neue für uns Geologen besteht in der eindeutigen Feststellung, daß dieses Gesetz auch für geologische, hydrogeologische, geophysikalische und geochemische Untersuchungen, die der Erforschung des Aufbaus der Erdkruste, der Erkundung von Lagerstätten oder der

Eingang des Manuskripts in der Redaktion: 12. 12. 1969.

Erkundung von Gesteinen zum Zwecke der unterirdischen behälterlosen Speicherung von Gasen oder Flüssigkeiten dienen, gilt.

Nachfolgend werden die Bestimmungen behandelt, die für die Tätigkeit der Zentralen Vorratskommission beim Staatssekretariat für Geologie von Bedeutung sind.

Der § 7 des Berggesetzes legt eindeutig fest, daß erkundete Lagerstättenvorräte und Speichervolumina (Aufnahmevermögen von Gesteinen zur unterirdischen Speicherung von Gasen oder Flüssigkeiten) zu berechnen sind und der Bestätigung durch die zuständigen staatlichen Organe bedürfen.

Nach § 3 der 1. Durchführungsverordnung obliegt die Bestätigung der Vorräte und der Speichervolumina dem Staatssekretariat für Geologie bzw. der ihr zugeordneten Zentralen Vorratskommission für mineralische Rohstoffe.

Die Pflicht zur Vorlage der Vorratsberechnungen besteht für alle Betriebe und Institutionen, die Erkundungsarbeiten durchführen, unabhängig davon, wer die Erkundungsarbeiten finanziert, und unabhängig davon, in wessem Auftrag und zu welchem Zwecke diese Arbeiten durchgeführt werden.

Eine der Aufgaben der ZVK im Zusammenhang mit der Überprüfung und Behandlung von Vorratsberechnungen wird es sein, die Einhaltung des § 3, Absatz 2 der 1. DVO zum Berggesetz zu kontrollieren. Diese Bestimmung fordert, daß Untersuchungsarbeiten grundsätzlich auf alle mineralischen Rohstoffe, die im Erkundungsbereich angetroffen werden oder angetroffen werden können, auszurichten und komplex auszuwerten sind. Bei Untersuchungsarbeiten, die auf die Erkundung eines mineralischen Rohstoffs angesetzt werden, sind die sonstigen angetroffenen mineralischen Rohstoffe entsprechend den Bedürfnissen der Volkswirtschaft in die Erkundung einzubeziehen.

Bis zum Vorliegen neuer, nach § 4 der 1. DVO vom Staatssekretär für Geologie zu erlassenden Bestimmungen über die Berechnung, Bestätigung, Erfassung und Bilanzierung von Lagerstättenvorräten sowie die Berechnung und Bestätigung von Speichervolumina sind — gestützt auf die Verordnung über die Bildung des Staatssekretariats für Geologie der Deutschen Demokratischen Republik (GBl. II, 1967, S. 443), wonach die Aufgaben, Rechte und Pflichten der ZVK und ZKK vom Staatssekretariat für Geologie übernommen wurden — die nachfolgend aufgeführten Dokumente der ZVK weiterhin zu verwenden:

Grundsätze zur Festlegung von Konditionen vom 15. 6. 1966 (mit Ausnahme der dort getroffenen Festlegungen über die Vorgabe des Aufwands und die Bestätigung der Konditionen);

Richtlinie über Form und Inhalt von Konditionsanträgen vom 15. 6. 1966 (mit Ausnahme der dort getroffenen Festlegungen über die Behandlung der Konditionsanträge);

Klassifikation der Lagerstättenvorräte fester mineralischer Rohstoffe vom 31. 1. 1962 (mit Ausnahme der §§ 12, 14, 15, Abs. 1, und 18);

Klassifikation der Lagerstättenvorräte an Erdöl und Erdgas vom 3. 5. 1961 (mit Ausnahme des Abschn. 4);

Klassifikation der Grundwasservorräte vom 15. 4. 1966;

Richtlinie über Form und Inhalt von Vorratsberechnungen vom 4. 5. 1961;

Instruktionen zur Anwendung der Klassifikationen auf Lagerstättenvorräte an Braunkohlen (29. 8. 1963), Steinkohlen (20. 6. 1963), Erdöl—Erdgas (22. 11. 1962), Kali und Steinsalz (20. 6. 1963), Flußspat und Schwerspat (19. 12. 1963), Kupfer (27. 3. 1963), Blei—Zink (23. 1. 1964), Eisenerz (25. 4. 1963), Karbonat-Sulfat-Gesteinen (25. 9. 1963), tonigen Gesteinen (25. 7. 1962), Sand und Kies (25. 7. 1962), Natursteinen (17. 12. 1963), Grundwasser (1. 7. 1967);

Richtlinie über die innere und äußere Kontrolle chemischer Analysen vom 29. 2. 1964.

Besprechungen und Referate

Roger, G.

Etude géologique de la Cézarenque et du SE du Mont Lozère

Paris: Bureau de recherches géologiques et minières, mémoires Nr. 66, 1969. — 88 S., davon 73 S. Text, 24 Fig., 5 Tab., 8 Taf. mit 30 Fotos, 3 Faltkarten

Der Autor berichtete 1962 an der Universität Paris über seine geologischen und metallogenetischen Studien aus den Cevennen. Der mineralogische Teil wurde 1965 im Bulletin Nr. 6 des BRGM unter dem Titel „Die Mineralisation von la Cézarenque ...“ veröffentlicht. Jetzt wird nun der geologische Teil der Arbeit, in dem die reichen, inzwischen erzielten Untersuchungsergebnisse berücksichtigt sind, als heutiger Kenntnisstand vorgelegt, ohne daß dabei der Grundcharakter der früheren Studie verändert wurde.

Das ca. 260 km² große Untersuchungsgebiet liegt am Ostrand des mittleren Teils der Nordcevennen ungefähr 200 km südlich St. Etienne. Seine Ausmaße betragen knapp 30 km in W—E- und 7 bis 10 km in N—S-Richtung. In der Mitte des Arbeitsgebietes liegt der Ort Grénolhac. Es umfaßt zwei durch die große Verwerfung von Villefort getrennte Gebiete: den SE-Teil des Granitmassivs des Mont Lozère mit seinem Rahmen kristalliner Schiefer und die vom Tal der Cèze durchzogenen Berge von Bonneveaus sowie die Region von Grénolhac, die beide als Cézarenque zusammengefaßt werden. Die geologische Untersuchung konzentrierte sich im wesentlichen auf fünf Hauptprobleme.

Der Textteil behandelt nach der Einführung in die Geologie die Erscheinungen der Regional- und der Kontaktmetamorphose, die Granite mit ihren Gangmineralisationen, die sedimentäre Überdeckung und die tektonische Entwicklung.

Die metamorphen Serien nehmen den zentralen Teil im Untersuchungsgebiet ein. Im NW grenzen sie an den Granit des Mont Lozère, im Osten und Südosten liegen sie unter den karbonischen Sedimenten der Becken Bessèges und Grand 'Combe. Es werden vier im Gelände nicht immer sicher zu erkennende Fazies unterschieden: Chlorit-Muskovit-Glimmerschiefer, Glimmerschiefer mit Feldspatneubildungen, Zweiglimmergneise und Augengneise. Letztere treten in zwei Varianten auf, mit Turmalin und mit grünlichen Augen. Da das mikroskopische Bild große Ähnlichkeit mit dem der metamorphosierten sauren Vulkanite aufweist, wird vermutet, daß in sie ehemalige Gerölle vulkanischer Gesteine eingegangen sind. — Als spezielle Fazies werden u. a. Graphitschiefer, Granatglimmerschiefer und mehrere Quarzite ausgehalten. Außerdem treten metamorphosierte saure Vulkanite auf. In nur einem Ausstrich von einigen Metern Länge wurde in den Zweiglimmergneisen eine 30 cm starke grobkörnige, ungeschichtete Lage grünlichbraunen Gesteins beobachtet, die reich an Titanomagnetit ist. Die Gliederung der kristallinen Serie kann sich auf die an ihrer Basis liegenden Augengneise stützen, in denen ein metamorphosiertes Konglomerat vermutet wird. Auch die hellen Quarzite in der Mitte der Serie scheinen niveaubeständig zu sein.

Die Rekonstruktion der sedimentären Serie vor ihrer Metamorphose und damit zugleich ihre altersmäßige Einstufung begegnet großen Schwierigkeiten und ist immer noch ziemlich unsicher. Aus den Graphitschiefern beschrieb P. LAPADU-HARGUES (1949) Radiolarien. Eine Bestätigung der Beobachtung durch neues Fundmaterial ist bis heute nicht geglückt. Im Vergleich zu benachbarten Gebieten werden die metamorphen Serien zwischen Infrakambrium bis Basis Devon eingestuft. Von einer z. Z. laufenden Spezialkartierung werden neue Fakten zur Datierung erwartet. Die Metamorphose vollzog sich in zwei Etappen, sie wird der Hauptphase der variszischen Orogenese zugeordnet und in die Zeit von Anfang Devon bis Beginn Westfal gestellt.

Im Kontaktbereich zum Granit unterscheidet der Autor die Biotitzone, die Zone der gefalteten Glimmerschiefer, die Aplit-Pegmatit-Gänge und die Andalusitzone.

Im Mont Lozère tritt am West- und am Nordrand ein feinkörniger Granit auf. Die zentralen Teile und der Südosten des Massivs werden von einem porphyrischen Granit gebildet, Einschlüsse bis zu einigen Dekametern sind Reste des ehemaligen Glimmerschieferdaches.

Die erhaltene Sedimentbedeckung reicht vom Unteren Stephan mit Anthrazitflözen bis zum Hettangien.

Westlich der Verwerfung von Villefort bildeten die kristallinen Serien große E—W gerichtete Falten, östlich der Verwerfung laufen die Falten fast N—S. Diese Erscheinung wird auf einen SE—NW gerichteten Druck zurückgeführt. Unter den Bruchstrukturen überwiegen die annähernd N—S gerichteten Verwerfungen. Mehrere andere noch auftretende Richtungen sind von untergeordneter Bedeutung.

Die vorliegende Arbeit gibt einen modern bearbeiteten geologischen Überblick über ein engbegrenztes, spezielles Untersuchungsgebiet aus den Cevennen. Die Fülle aller Einzelheiten konnte nur angedeutet werden. Anschauliche Profile, inhaltsreiche Tabellen und gute Mikro- und Geländeaufnahmen tragen wesentlich zum Verständnis des gutgegliederten Textes bei. Besonders sollen die Faltkarten hervorgehoben werden, bei denen die Verbindung einer geologischen Karte mit einer Panoramaaufnahme sehr intensiv wirkt. Wenn sich auch die Aussagen auf Beobachtungen nur wenig über das Untersuchungsgebiet hinaus beschränken, so gewinnen sie doch in ihrer Verallgemeinerung weiter reichende Bedeutung. Deshalb werden Geologen, Tektoniker, Petrographen und Lagerstättenkundler dem Buche manche Anregung entnehmen können. K. DETTE

Autorenkollektiv

Bohrreise 6 des Deep Sea Drilling Project

„Geotimes", Jg. 14 (1969), H. 8, S. 13—17

Die 6. Bohrreise des Deep Sea Drilling Project begann am 11. Juni 1969 in Honolulu und endete am 5. August in Guam. Auf dieser Reise, an der auch zwei sowjetische Fachkollegen teilnahmen, wurden 34 Bohrungen an den 17 Bohrpunkten 44 bis 60 niedergebracht, die man in 5 Bohrbereiche einordnen kann:

Bohrbereich I mit dem Bohrpunkt 44 auf einem flachen Rücken in 1578 m Tiefe.

Bohrbereich II mit den Bohrpunkten 45, 46, 51, 52 und 59 auf dem Tiefseeboden des nordwestlichen Pazifik mit Tiefen von 5508 bis 5981 m.

Bohrbereich III mit den Bohrpunkten 47 bis 50 auf dem Schatski-Plateau und seinen Flanken mit Tiefen von 2619 bis 4487 m.

Bohrbereich IV mit den Bohrpunkten 53 und 54 im Philippinen-Meer mit Tiefen von 4629 und 4990 m sowie mit dem Bohrpunkt 60 auf der westlichen Erhebung des Randes des Marianen-Grabens mit der Tiefe von 3717 m.

Bohrbereich V mit den Bohrpunkten 55 bis 58 auf dem Karolinen-Rücken südöstlich des Marianen-Bogens mit Tiefen von 2508 bis 4503 m.

Die niedergebrachten 34 Bohrungen hatten Bohrlängen zwischen 9 und 348 m und ergaben eine gesamte Eindringtiefe von 2556 m. Dabei wurden 125 Bohrkerne mit einer Gesamtkernlänge von 684 m ausgebracht. Sie stammen aus Schichtenfolgen vom Holozän bis zum Jura.

Für die einzelnen Bohrpunkte wurden als Besonderheiten erwähnt:

Die am Bohrpunkt 44 zur Klärung der geologischen Verhältnisse der Mid-Pacific Mountains niedergebrachte Bohrung im Karbonatschlick mußte in 76 m Tiefe in Hornsteinen des mittleren Eozäns eingestellt werden.

Im Bohrbereich II wurden vorwiegend rote Tiefseetone angetroffen. die wechselnde Mengen pyroklastische Beimengungen enthielten. Hornsteine sind für den oberen Teil der Kreide charakteristisch und manchmal mit pelagischen Karbonaten verknüpft. Da es nicht möglich war, die Hornsteinfolgen zu durchbohren, wurde nur Cenoman als älteste Schichtenfolge erreicht. Wo das Tertiär frei von Tuffen ist, erscheint es seismisch „durchlässig", während der obere Teil der Kreide als Reflexionshorizont auftritt. Örtlich zeigen sich allerdings auch pyroklastische Reflexionshorizonte bis hinauf ins Oligozän.

Das Schatski-Plateau ist eine ozeanische Erhebung mit pelagischer Karbonatsedimentation seit demTithon, das dem Reflexionshorizont B auflagert. Es gelang nicht, aus diesem Bohrkerne zu ziehen. Zwischen Folgen des Maastricht und dem oberen Miozän wurde eine bedeutende Diskordanz beobachtet. Die Folgen des Mesozoikums sind reich an Hornstein.

Im Bohrbereich IV wurden geologische Verhältnisse angetroffen, die denen von Guam und Saipan ähneln. Die Bohrungen durchsanken bis über 300 m mächtige Pyroklastika des Miozäns oder vielleicht auch des obersten Oligozäns, die einer jüngeren ozeanischen Kruste zugeordnet werden, die durch den Marianen-Graben von dem älteren Nordwestpazifik getrennt ist.

Im Bohrbereich V wurden gleichfalls oberoligozäne und miozäne Sedimente angetroffen, die reich an pyroklastischen Beimengungen sind und eine flachgelagerte basaltische Folge bedecken, die durch große Störungen zu einer bemerkenswerten Stufenlandschaft zerstückelt ist.

Folgende allgemeine Schlußfolgerungen wurden formuliert:

1. Allgemein wird angenommen, daß die Basis der seismisch erkannten Sedimentprofile und die vielfach erbohrten Basalte im wesentlichen der ozeanischen Kruste gleichzusetzen sind. Wenn das zutrifft, ist das Nordwestpazifische Becken der älteste Teil des Ozeans und als Rest eines mesozoischen Vorgängers vermutlich das älteste bekannte Ozeangebiet.

2. Im Gegensatz dazu enthalten die westlichen Randbecken, zumindest das Philippinen-Meer und der Bereich des Karolinen-Rückens, eine neue ozeanische Kruste, oder sie wurden etwa im Oligozän durch vulkanische Vorgänge vollkommen umgeformt.

3. Submarine Basaltergüsse müssen nicht immer Erhebungen bilden, wie sie im allgemeinen für die Mittelozeanischen Rücken charakteristisch sind, sondern können auch flache Ablagerungen ergeben und vielleicht den Plateaubasalten der Kontinente vergleichbar werden. Ob solche flachgelagerten vulkanischen Komplexe zur Ausbildung einer neuen ozeanischen Kruste gehören oder nur als oberflächige Ergüsse eine ältere Kruste verhüllen, ist noch nicht geklärt.

4. Man könnte sich vorstellen, daß eine jüngere Ozeankruste westlich des alten Pazifischen Ozeans durch eine Verlängerung der East Pacific Rise über den Nord- und Westrand des Pazifiks entstand. Es wäre allerdings auch möglich, daß die Bildung einer neuen Ozeankruste nicht nur auf die Mittelozeanischen Rücken beschränkt ist, sondern auch an anderen Orten und durch andere Vorgänge erfolgt.

5. Von Foraminiferen- und Kokkolithen-Gemeinschaften wurden ziemlich vollständige Entwicklungsreihen durch das Känozoikum hindurch bis zum Maastricht gewonnen. Gute Radiolarien-Faunen wurden bis zum Oligozän beobachtet.

6. Bis zum Oligozän hat sich die Kieselsäure in Skeletten als Opal erhalten. Vom Eozän abwärts tritt verbreitet Hornstein auf.

7. An den in 5500 bis 6000 m Tiefe angesetzten Bohrpunkten 45 und 51 sowie an den Flanken des Schatski-Plateaus (Bohrpunkte 49 und 50) wurden mesozoische pelagische Karbonate erreicht. In Schichtenfolgen des Paläozäns und Eozäns wurde Karbonatschlick in Spuren festgestellt. Darüber folgen rote Tiefseetone. Daraus könnte man schließen, daß sich die Wassertiefen seit dem Mesozoikum vergrößert haben oder, weniger wahrscheinlich, sich die Grenze der Karbonatlösung verschoben hat. Die mittleren Sedimentationsgeschwindigkeiten für roten Tiefseeton und für Karbonatschlick zeigen große Schwankungen. H. Reh

Hrsg. H. L. Barnes

Geochemistry of Hydrothermal Ore Deposits

New York: Verlag Holt, Rinehart and Winston, Inc., 1967. XVI, 670 S.

Die in vielen Wissenschaftszweigen in den letzten Jahrzehnten zu beobachtende, explosiv zu nennende Entwicklung und der damit zusammenhängende Anfall meist direkt gemessener Daten erfaßt auch immer mehr die geologischen Wissenschaften. Sicher werden nicht alle Teilbereiche der Geologie gleichermaßen davon betroffen. Der Teilbereich Geochemie gehört jedoch unumstritten zu denen, die in der letzten Zeit durch eine derartige progressive Entwicklung gekennzeichnet sind. Diese Entwicklung hält zweifellos noch an.

Ein für alle Wissenschaftszweige wesentliches Problem besteht darin, die theoretisch erkannten, in Laboratorien nachahmbaren Gesetzmäßigkeiten in die Praxis zu übertragen und bei der Entwicklung der Volkswirtschaft zur Befriedigung der gesellschaftlichen Bedürfnisse anzuwenden.

In dem zur Rezension vorliegenden Buch werden die Geochemie der hydrothermalen Lagerstätten betreffende, meist in Laboratorien untersuchte und die physikochemische Problematik behandelnde Fragen erzmobilisierender, erzführender und erzabsetzender Lösungen diskutiert und die wesentlichen Ergebnisse mitgeteilt.

Es bleibt Aufgabe der in der Prognose, Suche und Erkundung von Lagerstätten Tätigen, diese (und andere) Ergebnisse aufzugreifen und bei der praktischen Arbeit anzuwenden.

Die Tatsache, daß *ein* Fachmann ein doch eigentlich noch so engbegrenztes Feld wie die Geochemie hydrothermaler Lagerstätten schon nicht mehr überblicken, geschweige denn beherrschen kann, wird darin sichtbar, daß an dem vorliegenden Buch insgesamt 19 Wissenschaftler, meist amerikanischer Herkunft, als Autoren mitwirkten.

In dem Buch werden folgende Probleme behandelt:

Ausgangsgesteine erzführender Lösungen (33 S.), Hydrothermale Fluida im magmatischen Stadium (43 S.), Verteilung der normalen Bleiisotope (32 S.), Untersuchung der Sauerstoffisotope in hydrothermalen Minerallagerstätten (34 S.), Schwefelisotope und Mineralbildung (23 S.), Nebengesteinsveränderung (70 S.), Sulfidmineralstabilitäten (98 S.), Löslichkeit und Erzmineraltransport (48 S.), Gangarten in Hydrothermallagerstätten (55 S.), Thermische Aspekte der Erzbildung (28 S.), Chemie einiger untersuchter geothermaler Systeme (50 S.), Flüssigkeitseinschlüsse als Beispiele für erzführende Lösungen (60 S.), Quecksilber- und Buntmetalllagerstätten und mit diesen verbundene Thermal- und Mineralwässer (57 S.).

Wie die Aufzählung zeigt, wird die Problematik der Geochemie hydrothermaler Erzlagerstätten von möglichst vielen Seiten behandelt. Das ist ein Vorzug des Werkes. Wie gleich das erste Kapitel erkennen läßt, wird durchaus nicht konservativ auf dem „amerikanischen" Standpunkt verharrt, alles sei „hydrothermal". Der Autor bezieht in seine Diskussion über die Herkunft der Elemente in erzführenden Lösungen alle Möglichkeiten ein und unterstützt insbesondere den oft bereits nachgewiesenen Fall, daß das verfestigte Gestein selbst als Quelle für mobilisierende Lösungen in Frage kommen kann. In diesem Zusammenhang bleibt allerdings unverständlich, aus welchem Grund in dem kleinen Abschnitt über metallogenetische Provinzen (S. 23—26) nicht ein einziger sowjetischer Autor genannt wird und der metallogenetischen Untersuchung bei der Diskussion über die Elementherkunft (... In Summary, the distinguishing of metallogenetic provinces can give only ambiguous hints about the sources of metals in ore-forming fluids. — S. 26) praktisch keine Bedeutung beigemessen wird. Hier wird das Leistungsvermögen der metallogenetischen Analyse, deren Vorzug und Hauptzweck in der komplexen Betrachtungsweise liegt, völlig unterschätzt.

Sehr ergiebig und lesenswert sind die Darstellungen über die Problematik der Nebengesteinsveränderungen (S. 166ff.), über Elementzufuhr und -abfuhr. Am Beispiel kupferführender Sulfidparagenesen und mit diesen vergesellschafteter Silikatmineralparagenesen werden die im wesentlichen durch den Sauerstoff- und den Schwefelpartialdruck kontrollierten Gesetzmäßigkeiten der Mineralbildung anschaulich (siehe Abb. 6.9) demonstriert.

Im Kapitel über Löslichkeiten und Transport der Erzelemente (S. 334ff.) werden Migrations- und Präzipitationsprobleme, z. T. unter Berücksichtigung äußerer Parameter, wie Einfluß des Nebengesteins, behandelt. Diese Ergebnisse haben, wie auch andere, hier nicht im einzelnen genannte, unmittelbar praktisches Interesse, weil die wissenschaftliche Prognose und Suche nach Lagerstätten eines bestimmten Typs unbedingt Kenntnisse über die Migrationsbedingungen und Ausfällungsursachen der entsprechenden Elemente, Elementkomplexe u. a. voraussetzt. G. Tischendorf

Bszonka, B., & K. Sarnecki

Lignosulfonverbindungen als Hilfsmittel für die Behandlung von Bohrspülung

„Przeglad Papierniczy", Łódź, Bd. 25 (1969), 3, S. 69—73

In der Zellstoffindustrie bedarf der wirtschaftliche Einsatz der Produktionsabfälle wie der Sulfitablauge einer umfassenden Klärung.

Verfasser untersuchen die Möglichkeit des Aufschlusses und des Einsatzes von Lignosulfonat als Dispergiermittel in Bohrspülungen. Wasserlösliche Chromlignosulfonkomplexe erhält man bei Reaktion bis zu 5% Chrom, bezogen auf den Trockenrückstand des Ausgangsproduktes bei nichtmodifizierten Ablaugen. Mit nur 0,8% Chrom werden hochmolekulare Fraktionen der Lignosulfonsäuren wasserlöslich. Eine eindeutige Grenze zwischen der Chrommenge, die zu wasserlöslichen Produkten führt, und der Chrommenge, die die Entstehung von wasserunlöslichen Gelen bewirkt, kann nicht festgestellt werden; der Übergang erfolgt allmählich in Abhängigkeit zur zugesetzten Kaliumbichromatmenge.

Als Dispergiermittel für Bohrspülungen wurden die leichtlöslichen Verbindungen ausgewählt. Empfohlen wird auch die Untersuchung der schwerlöslichen Komplexe, da der erforderliche Aufschluß wie mehrstündiges Erhitzen bei über 80 °C und eine intensive Reaktion kein Hindernis im Bohrfeld darstellen. Man kann annehmen, daß die in Wasser schwerlöslichen Chromlignosulfonate durch ihren höheren Chromgehalt bessere Eigenschaften in Bohrspülungen aufweisen.

B. Heyne

Strelez, G. A., W. Luban, J. A. Jeremejew & N. C. Titarenko

Erfahrungen beim Niederbringen von Bohrungen in Salzlagern bei Auftreten von Bischofitschichten

„Nefti i gasa", Promyslennost, 1 (1969), S. 14—17

In salzführenden Schichten bei 2400 bis 2600 m traten in der Dnepr—Donez-Senke in verschiedenen Bohrungen Bischofitschichten auf. Die durch den hohen Magnesiumgehalt und durch die „Plastizität" hervorgerufenen Schwierigkeiten werden angeführt. Das Flöz war 12 m mächtig. Die verwendete Spülung — eine NaCl-Lauge bzw. eine ausgesalzene Tonspülung — hatte eine Dichte von 1,28 g/cm³ und eine Gost-Viskosität von 16 sec. Die Spülung wurde magnesiumgesättigt, das heißt, es erfolgte der bekannte Austausch des NaCl gegen $MgCl_2$.

Es traten Verklemmungen und Festwerdeerscheinungen auf, die zu Fangarbeiten, Ablenkungen und zum Einbau von verlorenen Rohrtouren führten.

Durch Erhöhung des Einpreßdrucks der Spülung konnte ein Druck über 12 Std. gehalten werden, der einer Dichte von 1,6 g/cm³ entsprach. Das Fließen des Bischofits wurde durch die Erhöhung des Spülungsdrucks verlangsamt. Eine Zugabe von Erdöl zur Spülung verschlechterte den Zustand des Bohrlochs.

Mit nichtausgesalzener Spülung wurde versucht, im Bischofitbereich 2 Std. lang eine Kaverne zu erzeugen. Diese Maßnahme ist nur vor dem Einbau der Futterrohre unter Berücksichtigung der Dauer des Einbaus zu empfehlen.

B. Heyne

Richtlinien des Arbeitsausschusses Spülung im Wirtschaftsverband Erdölgewinnung
Nr. IV: Spülungsmaßnahmen bei besonderen Bedingungen

Hannover 1969. 13 S., 3 Abb., 1 Tab.

In den vorliegenden Richtlinien werden u. a. Maßnahmen zum Durchteufen bei hohen Gebirgs- oder Lagerstättendrücken gegeben. Spülungen mit geringem Feststoffgehalt und niedrigen Viskositäten lassen sich z. B. mit Baryt, Eisenoxiden, Bleimennige beschweren. Als Spülungsmaßnahme bei extrem niedrigen Gebirgsdrücken werden extrem leichte Spülungen empfohlen, die durch Begasung oder Belüftung von Spülungen mit geringem Feststoffgehalt hergestellt werden. Bei hohen Gebirgstemperaturen über 150 °C wird Kalzium-Bentonit vorgeschlagen, da er keine Dehydratisierung aufweist. Geeignet erscheinen Attapulgite, Sepiolite oder Tonerden, als Schutzkolloide bis 160 °C die niedrigviskosen CMC-Typen im pH-Bereich 8 bis 11. Ölspülungen werden vorteilhaft eingesetzt, es bedarf jedoch besonderer Maßnahmen zum Schutz der Mannschaft.

Für die Bekämpfung von Spülungsverlusten müssen ihre Ursachen bekannt sein. Es werden allgemeine und spezielle Maßnahmen zur Vermeidung von Spülungsverlusten angegeben. Das gleiche gilt auch für die Bekämpfung von Nachfall. Bei Bohrlochneigung sind Öle oder spezielle Schmiermittel einzusetzen, als besonders vorteilhaft hat sich der Einsatz von ölbasischen Spülungen erwiesen.

Zur Vermeidung von Laugenzuflüssen, die normale Spülungen völlig abbauen, werden Attapulgite, Stärke und CMHEC eingesetzt, dabei ist die pH-Wert-Regulierung zu beachten. Auch für schwefelwasserstofführende Lagerstätten werden Spülungsmaßnahmen beschrieben. Hier ist es üblich, ölbasische Spülungen einzusetzen. Beim Durchteufen leichtlöslicher Erdkalisalze, insbesondere von Bischofit, ist zu beachten, daß u. a. Kalium- und Magnesiumsalze erheblich schneller in Lösung gehen als Steinsalz. In Diagrammen werden die Sättigung mit $MgCl_2$ und die gleichzeitige Ausfällung von NaCl sowie die Temperaturabhängigkeit der Löslichkeit von Magnesiumchlorid und Steinsalz angegeben. Die für Testarbeiten erforderlichen Ringraumflüssigkeiten sollen spezifische Anforderungen erfüllen. Anhand einer Tabelle werden die zur Zeit möglichen Eigenschaften nach drei verschiedenen Rezepturen erläutert.

Die vorliegende Richtlinie ist eine instruktive Zusammenfassung erforderlicher Maßnahmen bei den behandelten Komplikationen für den Spülungspraktiker. B. Heyne

Damm, B.

Geologie des Zendan-i Suleiman und seiner Umgebung
Südöstliches Balqash-Gebirge, Nordwest-Iran

Wiesbaden: Franz Steiner Verlag GmbH, 1968. 52 S., 8 Abb., 2 Tab., 27 Taf., 1 Faltkarte, DM 32,—

Das Untersuchungsgebiet Takht-i Suleiman liegt im iranischen Aserbaidshan, im SE-Teil des Balqash-Gebirges, im wesentlichen nördlich und östlich des Ortes Takab, ca. 160 km südöstlich vom Urmiasee. Die Lage speziell des Zendan-i Suleiman läßt sich mit 47°15′E/36°32′N angeben. In diesem Gebiet hat das westdeutsche Archäologische Institut Frankfurt (Main) seit 1959 an 2 Ruinenstätten umfangreiche Ausgrabungen vorgenommen, die im Zendan-i Suleiman (Gefängnis des Salomon) 1964 abgeschlossen wurden. Als Teil I der Beiträge zur Archäologie und Geologie des Zendan-i Suleiman wurde der Bericht über die Geologie der weiteren Umgebung vorgelegt. Er stellt praktisch eine geologische Neuaufnahme aus dem zentralen iranischen Hochland zwischen Zagros- und Elbursgebirge dar. Die frühere Kultstätte des Zendan-i Suleiman, deren Anfänge bis um ca. 800 v. Z. zurückgehen, ist an einen steilen, etwa 110 m hoch aufragenden Bergkegel aus Travertin mit einem mehr als 80 m tiefen Krater in seinem Innern gebunden, dessen Sohle durch einen Tunnelbau erschlossen wurde.

Der Text der Arbeit gliedert sich nach kurzer Einleitung und einer geographisch-geologischen Übersicht in die Kapitel: Schichtfolgen und Gesteine, Routenaufnahmen, Travertinvorkommen, Mineralvorkommen und Abriß der geologischen Entwicklungsgeschichte. Mit dem Nachweis von 44 Schrifttumsangaben und dem Verzeichnis der Bilder und Abbildungen schließt das Buch.

Das 25 × 30 km große, nach N ansteigende, schwach wellige Hügelland der Takab-Senke bildet den Kern des Untersuchungsgebiets, das vornehmlich von tertiären und quartären Sedimenten aufgebaut wird. Es wird von zwei NW—SE streichenden Bergzügen umrahmt, deren Kern aus Gesteinen unterschiedlichen Metamorphosegrads gebildet wird. In Glimmerschiefern und Phyllithen liegen ca. 300 m mächtige helle und ca. 100 m mächtige weiße Marmore, über denen ca. 500 m Hornblendeschiefer folgen. Insgesamt ist die metamorphe Serie einschließlich ihrer Gneise und intrusiven Granite mehr als 3500 m mächtig. Die zeitliche Einstufung ist noch unsicher und kann zwischen präkambrisch und präpermisch angesetzt werden. Mit einer regionalen Diskordanz legt sich eine jüngere Schichtfolge, deren festländische und marine Sedimente mit eingeschalteten Ergußgesteinen, Agglomeraten und Tuffen die jüngere Schichtfolge von evtl. Oberkreide bis Quartär repräsentieren. Letztere bestehen aus Flußschottern und Kalksinter, bis 200 m mächtig.

Die vorwiegend als Travertin ausgebildeten Kalksintervorkommen treten mehrfach in größerer Verbreitung auf, wobei sie enge Beziehungen zu geologischen Strukturen erkennen lassen. Zusammenhängende Kalksinterfelder tragen häufig hohe Quellkegel, die bisweilen noch mit Geysirtätigkeit verbunden sind. So erscheint der Zendan-i Suleiman als vulkanartig aussehender, 110 m hoher Travertinkegel, der auf einer ausgedehnten, ca. 4 × 1,3 km Kalksinterplatte steht. Sie ist aus Quellwässern einer 4 km langen Spaltenzone abgesetzt und in Lagen von 2 bis 40 mm Stärke aufgewachsen. Heute noch mit allerdings nur geringer Schüttung auf der Zendan-Platte austretende Quellwässer sind warme, erdig-schweflige Säuerlinge, die mit jungem Vulkanismus zusammenhängen.

Als Mineralvorkommen werden schon aus dem 10. Jahrhundert Gold-, Silber-, Quecksilber-, Arsenik- und Bleigruben urkundlich erwähnt. Dazu sind noch Zink-, Kupfer-, Schwefel- und Eisenvorkommen bekannt geworden. Wirtschaftliche Bedeutung erlangten nur eine Kupfer- und eine Zinklagerstätte. 1968 wurden etwa 200 bis 300 t/Tag PbZn-Konzentrat gewonnen und eine As-Förderung von maximal 200 t/Jahr erreicht.

Die Arbeit bietet eine umfassende geologische Übersicht über ein bisher nur sehr wenig erforschtes Gebiet. Stratigraphische, tektonische und petrogenetische Probleme werden erörtert. Zahlreiche geschickt ausgewählte, vorzügliche Fotos sowie mehrere Skizzen und Profile unterstützen den Text. Dem Verf. ist es gelungen, die Fülle seiner Einzelbeobachtungen zu einer geologischen Entwicklungsgeschichte zusammenzufassen. Der Verlag hat das Buch auch drucktechnisch recht gut ausgestattet. Geologen, Geographen und Archäologen finden in ihm mannigfache Anregungen.

K. Dette

Neuerscheinungen und Literaturhinweise

Adler, I.

X-ray emission spectrography in geology
(Methods in geochemistry and geophysics. 4)
Amsterdam, New York: Verl. Elsevier 1966. 258 S., 9 S. Lit.

Autorenkollektiv

Politische Ökonomie des Sozialismus und ihre Anwendung in der DDR
Berlin: Dietz Verl. 1969. 903 S.

BOSCHNJAKOWITSCH, I. D., u. a.
Luftbildanschluß von aerogeophysikalischen Meßstrecken und Anomalien
Leningrad: Verl. Nedra 1969. 207 S., Abb., 1 S. Lit.

CANNON, R. S., & A. P. PIERCE
Lead isotope guides for Mississippi Valley lead-zinc exploration
Washington: 1969. Geol. Survey, Bulletin 1312, 20 S., 13 Abb., 2 S. Lit.

Eléments de géologie en six langues
(Allemand — Anglais — Espagnol — Esperanto — Français — Russe)
Paris: Soc. d'Edit. d'Ens. Sup. 1965. 191 S., 4 S. Lit.

FRANKE, H. W.
Methoden der Geochronologie
Berlin: Verl. Springer 1969. 152 S., 73 Abb., 3 S. Lit.

Fragen der Quartärgeologie (zum VIII. Kongreß der INQUA)
Riga: Verl. Sinatne 1969. 144 S., getr. Abb., getr. Lit.

GRASSHOFF, H., u. a.
Erd- und Grundbau
Teil 3. Erdbau und Erddruck
(Bautechnische Tabellensammlung Bd. 2, Teil 1—4)
Düsseldorf: Verl. Werner 1969. 200 S., 97 Abb., 25 Tab.

GUMUŁCZYNSKI, J., & S. CZERWINSKA
Spülungen, die gegenüber hohen Temperaturen widerstandsfähig sind
Katowice: Wydawnictwo Śląsk 1969. Prace Instytutu Naftowego, 44 S., Abb., 40 Lit.

International dictionary of geophysics (2 Bände)
Oxford: Verl. Pergamon Press 1967. 1728 S., getr. Lit.

ISRAËL, H.
Einführung in die Geophysik
Berlin (usw.): Verl. Springer 1969. 223 S., 155 Abb., 24 Tab., 3 S. Lit.

JABLOKOW, W. S., u. a.
Atlas der Mikrostrukturen der Kohlen des Donez-Beckens
Moskwa: Verl. AN SSSR 1955. 41 S., Tab., 2 S. Lit.

Karbonatite
Moskwa: Verl. Mir 1969. 485 S., getr. Lit., getr. Abb.

KEDVES, M.
Palynological studies on Hungarian Early Tertiary deposits
Budapest: Verl. Akad. Kiado 1969. 84 S., 12 Taf., 10 S. Lit.

KISŁOW, A.
Probleme der Tektonik in oberjurassischen und cenomanen Ablagerungen im Gebiet der Miechow—Tarnow-Senke
Katowice: Wydawnictwo Śląsk 1969. Prace Instytutu Naftowego, 21 S., Abb., Tab., 20 Lit.

Informationen

Erdöl- und Erdgasanteil an sowjetischer Brennstoffbilanz wächst

Der Anteil von Erdöl und Erdgas an der sowjetischen Brennstofförderung stieg im vergangenen Jahre um weitere zwei auf 59,9%. Das ist nicht nur auf Neuaufschlüsse zurückzuführen, sondern in wachsendem Maße auf die effektivere Auslastung der Förderkapazität.

1969 konnten weitere drei Millionen Sowjetbürger die Vorteile des billigen Erdgases nutzen. Über 60% des Martin-Stahls und rund 10% des Roheisens in der UdSSR werden gegenwärtig mit Hilfe von Erdgas produziert. Auch in der Chemieindustrie wurde dieser Energieträger zum Hauptrohstoff für die Großproduktion wertvoller Erzeugnisse.

Erdgas bei Uelzen

Die Bohrung Bahnsen 9, etwa 6 km südwestlich von Uelzen in Westdeutschland, führte zu einem Erdgasfund, der von wirtschaftlicher Bedeutung sein soll. Die Bohrung traf in rund 4250 m Tiefe gasführende Schichten des Rotliegenden an. Bei einem vorläufigen Test im offenen Bohrloch strömten erhebliche Mengen von Gas zu, die abgefackelt wurden. Der Methangehalt wird auf nahezu 80% geschätzt. Es handelt sich also um ein Gas, das von besserer Qualität ist als das weiter östlich bei Wustrow gleichfalls im Rotliegenden gefundene Erdgas, das einen erheblichen Stickstoffanteil besitzt.

Die Erkundungsbohrung Bahnsen 9 wird weitergeteuft. Ein Fördertest wird Aufschlüß über die wirtschaftliche Bedeutung des Fundes geben. Die im Laufe der vergangenen Jahre niedergebrachten Bohrungen Bahnsen 1 bis 8 zielten auf höhere geologische Stockwerke, da hier, gebunden an den Salzstock Bahnsen, erdölhöffige Horizonte vermutet wurden.

Neuer Fünfjahrplan für die japanische Erdölerkundung

Der japanische Entwicklungsrat für Erdöl- und Erdgasvorkommen hat (nach „Petroleum Press Service", Jg. 36, Nr. 11) einen Bericht über die Zukunftsaussichten der Erdöl- und Erdgassuche in Japan und in den das Land umgebenden Meeresteilen dem Ministerium für Außenhandel und Industrie des Inselstaates übergeben. Dieses Ministerium wird den Bericht zur Grundlage eines neuen Fünfjahrplans für die Erdölerkundung der Jahre 1970/1971 bis 1974/1975 machen. Für die Verwirklichung des Planes sind 50 Mrd. Yen, die gleiche Summe, die in den letzten 14 Jahren für den gleichen Zweck insgesamt ausgegeben wurde, vorgesehen.

Von den 50 Mrd. Yen wird der Staat 11 Mrd. aufbringen. Die kapitalistischen Konzerne sollen 39 Mrd. Yen aufwenden. Regional sollen die Mittel wie folgt aufgeteilt werden: 26 Mrd. Yen für die Suchtätigkeit auf dem Land und 24 Mrd. Yen für die Erkundungsarbeiten im Meer. Die japanischen Behörden beabsichtigen, vorerst einen Teil der Mittel für die vorbereitende Vermessung des Festlandsockels auszugeben.

Unter der Voraussetzung, daß die aeromagnetischen und seismischen Vermessungsarbeiten erfolgreich verlaufen, werden bis 1974 32 Erkundungsbohrungen im Meer rund um Hokkaido, vor der pazifischen Küste von Hondschu und in den nördlichen und westlichen Teilen des Japanischen Meeres niedergebracht. Die Bohrtätigkeit soll nicht über eine Wassertiefe von 200 m hinausgehen. Als wirtschaftlich lohnend wird eine Erdöllagerstätte mit mindestens 5 bis 10 Mill. t nachgewiesener Vorräte bezeichnet. Durch bereits vorgenommene Vermessungen höffiger Schichten der Trias und der Kreide wird die Entdeckung mehrerer Erdölfelder dieser Größe für möglich gehalten.

Die Erdöl- und Erdgassuche auf dem Festland soll sich auf die Küstengebiete des nordwestlichen Teils von Hondschu konzentrieren. Höffige Kreideschichten auf Kjuschu und Hokkaido sollen ebenfalls näher untersucht werden. Zu dieser Arbeit werden in erster Linie intensive geophysikalische Messungen gehören. Von den 213 vorgesehenen Landbohrungen sind allein 193 für das Revier von Tohoku und auf der Insel Hondschu geplant.

Während des Fünfjahrplans werden als „wahrscheinlich" neue Funde von etwa 4,3 Mill. m^3 Erdöl und 9,4 Mrd. m^3 Erdgas vorausgesagt. Falls die Schätzungen zutreffen, wird die Erdölförderung konstant bleiben können. Bei einer Gesamtförderung von 7990 Mill. m^3 Erdgas wird das am Ende des Fünfjahrplans vorhandene Gasvorkommen nur geringfügig vergrößert. In einem Rückblick weist der Bericht des japanischen Entwicklungsrates nach, daß die Erdölförderung von 340000 m³ im Jahre 1954 auf 860000 m³ im Jahre 1968 und die Erdgasgewinnung von 140 auf 2100 Mill. m³ gestiegen sind.

Sowjetische Erdgasleitung für die VR Bulgarien

Um den Energiebedarf der bulgarischen Volkswirtschaft besser decken zu können, ist vorgesehen, neben den ständig wachsenden Erdöllieferungen aus der UdSSR eine Gasleitung von der Sowjetunion nach der Volksrepublik Bulgarien zu bauen.

Ein Abkommen zwischen den beiden Bruderländern sieht vor, daß Bulgarien 1975 von der UdSSR 3 Milliarden m³ Erdgas erhält. Im Jahre 1974 soll der erste Bauabschnitt der Gasleitung in Betrieb genommen werden. Dann werden 1 Milliarde m³ Erdgas nach Bulgarien befördert, im folgenden Jahr kommen weitere 2 Milliarden m³ hinzu.

Die Projekte werden mit Unterstützung sowjetischer Fachkollegen ausgearbeitet, auch ein Teil der Ausrüstungen wird in der Sowjetunion hergestellt. Die Gasleitung verbindet die UdSSR zunächst mit der Dobrudsha. Später wird sie die größten bulgarischen Industriezentren — Warna, Stara Sagora, Dimitroffgrad, Plowdiw, Sofia, Kremikowzi — umfassen. Anschließend wird der Ring Plewen erreichen und sich in Warna wieder schließen.

Erdgas in Westdeutschland

Seit Beginn der industriellen Erdgasförderung im Jahre 1939 wurden bisher allein in Westdeutschland 30 Mrd. m³ Erdgas gefördert. An der Ausbeute war das Feld Rehden (Weser—Ems) mit 4,7 Mrd. m³, das Feld Hengsttage mit 2,6 Mrd. m³ und der westdeutsche Teil des Groningen-Gasfeldes mit 2,5 Mrd. m³ beteiligt. Der Förderanteil des klassischen Feldes Bentheim, dessen Entdeckung im Jahre 1938 die Entwicklung der deutschen Erdgasgewinnung einleitete, betrug 1,4 Mrd. m³.

Erdgasfund bei Dax

Die ERAP-ELF hat in 5600 m Teufe unter der Ortschaft Nassier bei Dax ein Erdgasvorkommen entdeckt. Vor 15 Monaten fand das gleiche Unternehmen bei Gaujacq ein Gasvorkommen, in dem auch Erdöl auftritt. Beide Fundstellen liegen ungefähr 25 km von Lacq entfernt.

Eisenerz in der Südafrikanischen Union

Die Auswertung einer 400 m tiefen Erkundungsbohrung im Eisenerzgebiet von Sishen, nördlich Postmasburg, hat ergeben, daß die bekannte Gamagara-Schichtenfolge mit ihren Eisenvorräten, die bis zu 60% Fe-Gehalte aufweisen können, in der richtigen Folge auf der Dolomit-Serie des Transvaal-Systems liegt. Demnach besitzt sie eine weit größere Erstreckung, als man bisher angenommen hat. Heute rechnet man mit einer N–S-Erstreckung von 150 km und einer Breitenausdehnung von 30 km. Das eigentliche Erzgebiet ist nicht 2 km breit, wie früher angenommen, sondern 8 km. Damit können die Gesamtvorräte nicht mehr wie bisher mit 1 Mrd. t, sondern mit 4 Mrd. t eingeschätzt werden.

Kurznachrichten

Die **SFR Jugoslawien** wird bereits im Jahre 1971 mit der **Erdölförderung** aus der Adria beginnen. Die geologische Erkundung des 1500 km² großen Küstenstreifens Kroatiens brachte gute Ergebnisse und soll fortgesetzt werden.

Die nachgewiesenen **Erdgasreserven Nordwesteuropas** werden gegenwärtig mit 4000 Mrd. m³ angegeben.

In der **Sowjetunion** gibt es gegenwärtig 12 **Untertage-Gasgroßspeicher** mit einem Gesamtfassungsvermögen von 8 Mrd. m³.

In **Turkmenien** liegen die erdöl- und erdgashöffigen Schichten in einer Teufe von 4000 bis 5000 m. Eine **Aufschlußbohrung** in der Erdöllagerstätte „Komsomolskoje" wurde bei 5008 m fündig.

Die Adria—Wien-Pipeline, die sich bei Würmlach in Kärnten an die **transalpine Erdölleitung** anschließt, wird im Spätsommer 1970 erstmalig in Betrieb genommen werden.

Der Anteil von **Erdgas** an der Energiebilanz der **Volksrepublik Polen** soll von gegenwärtig 13% auf 23% im Jahre 1975 gesteigert werden. Die Förderung wird dann 12 bis 13 Mrd. m³ betragen.

Das erste **Erdgasfeld** in **Yorkshire** (England) wird im Oktober 1970 mit der Lieferung von Erdgas beginnen. In zwei Jahren soll die Produktion über 2 Mrd. m³ erreichen.

Libyen will 1970 nach den USA, der UdSSR und Venezuela zum viertgrößten **Erdölproduzenten** der Welt aufrücken.

Auf der Insel **Bibijan** vor der nordöstlichen Küste **Kuweits** soll eine übertiefe Erdölerkundungsbohrung niedergebracht werden.

Die **australische Erdölgewinnung** wird ab Ende 1971 rd. 70% des gesamten Erdölbedarfs des Landes decken.

Ein japanischer Erdölkonzern hat im **Persischen Golf**, 81 km westlich der Stadt Abu Dabi, **Erdöl** entdeckt. Aus der fündigen Bohrung, die ungefähr 2750 m Teufe erreichte, wurden 400 bis 500 t Erdöl pro Tag gefördert. Ein anderer Konzern stieß 90 km landeinwärts auf ein neues Erdölvorkommen. Die Fundstelle liegt südlich des Dschebel Danna und 255 km südwestlich der Stadt Abu Dabi.

Der westdeutsche Konzern Wintershall AG soll in zwei Meeresgebieten vor der Küste von **Westpakistan Erdöl**suchkonzessionen erhalten. Beide Flächen liegen vor den Indusmündungen und sind 33570 km² groß. Sie reichen 130 km weit in das Meer hinaus.

Die **Eisenerzvorräte Australiens** betragen z. Z. mindestens 15 Mrd. t allein für den Westen des Landes. Wichtigste Lagerstätten sind in Westaustralien: Mt. Tom Price (64% Fe-Gehalt), Mt. Whaleback (über 64% Fe-Gehalt), Yampi Sound (64 bis 66% Fe-Gehalt); in Südaustralien: Middleback Range; in Tasmanien: Savage River.

Die **australischen Kupfererzvorräte** betragen gegenwärtig 45 Mill. t am Mt. Isa (3%), 18 Mill. t bei Cobar (3,54%), 35 bis 40 Mill. t am Mt. Lyell (1,5%), 10 Mill. t am Mt. Morgan (1,07%), ferner 5 Abbaustätten bei Tennant Creek. Die Kupfererzeugung von 88000 t 1967 soll sich 1970 verdoppeln.

Die **Bauxitvorräte Australiens** betragen z. Z. etwa 3 Mrd. t (ein Drittel der bekannten Weltreserven) bei Weipa (Queensland), Jarrahdale (Western Australia) und Gove (Northern Territories) und etwa 100 Mill. t in der Admiralty-Gulf-Gegend (Westaustralien).

Das westdeutsche Institut für Erdölforschung in Hannover soll jetzt der Technischen Universität Clausthal angegliedert werden.

In **Algerien** ist der Bau von 15 neuen **Staudämmen** zur Verbesserung der Wasserwirtschaft und des Energieaufkommens geplant.

In den nächsten Heften

der

Zeitschrift für angewandte Geologie

erscheinen u. a. folgende Beiträge

G. A. MIRLIN: W. I. LENIN über die mineralischen Rohstoffe

I. DITTRICH: Zur Gegenstandsbestimmung und zur Zielstellung der Geochemie (Geochemie im engeren Sinne)

D. WINKLER & W. KÖBBEL: Zur Übereinstimmung der makroskopischen Bemusterung rolliger Sedimente mit siebanalytischen Ergebnissen

W. STEINER: Die gesteinstechnischen Eigenschaften der Augitporphyrite und Quarzporphyre der Flechtinger Scholle

L. RICHTER: Hydrogeologische Formeln für die Grabenentnahme bei veränderlicher Durchflußbreite

G. MILDE & B. FORKMANN: Grundwassererkundung und Geophysik — Stand und Aufgaben gemeinsamer Arbeit. Ein Tagungsbericht

E. K. USTIJEW: Gegenwart und Zukunft der Petrologie

F. CHOUKÉR: Anwendungsmöglichkeiten und Grenzen der gegenwärtig in der Grundwassererkundung eingesetzten geophysikalischen Verfahren

P. I. SUVEIZDIS: Zur Entwicklung des terrigenen Unterperms im südlichen Baltikum (Ref. F. WENDLAND)

J. POMMERENKE & G. GRUBER: Berechnung von Mehrbrunnenanlagen nach PAAVEL auf dem Rechner ZRA 1

S. M. SEMENOW & A. A. KONOPLJANTSCHEW: Informations- und Prognosekarten über das Regime unterirdischer Wässer

F. STAMMBERGER: Die Stellung der ökonomischen Geologie im gesellschaftlichen Reproduktionsprozeß
Aus Anlaß des Erscheinens der „Politischen Ökonomie des Sozialismus und ihre Anwendung in der DDR“

Autorenkollektiv: Die Isotopenzusammensetzung des Urans und der Aktiniumgehalt von Mineralen und natürlichen Wässern

J. N. LEONENKO: Die Reichtümer der Kursker Magnetanomalie

ABHANDLUNGEN

des Zentralen Geologischen Instituts

Zuletzt erschienen

Heft 8

H. DÖRING, W. KRUTZSCH, D. H. MAI, E. SCHULZ

Erläuterungen zu den sporenstratigraphischen Tabellen vom Zechstein bis zum Oligozän

1966 — 149 Seiten — 8 Anlagen-Tabellen — Halbleinen M 15,—

Heft 9

Instruktion für die Anfertigung einheitlicher ingenieurgeologischer Grundkarten

1967 — VIII und 35 Seiten — Farb- und Zeichenerklärung — 9 Anlagen — Halbleinen M 15,—

Heft 10

Klimaänderungen im Tertiär aus paläobotanischer Sicht

1967 — LII und 228 Seiten — 28 Abbildungen — 11 Bildtafeln — Halbleinen M 30,—

Heft 11

H. KÄSTNER

Zur Geologie der Kalisalz- und Kohlensäurelagerstätten im südlichen Werra-Kaligebiet

1969 — VII und 96 Seiten — 23 Abbildungen — 2 Tabellen

Heft 12

D. LOTSCH

Stratigraphisches Korrelationsschema für das Tertiär der Deutschen Demokratischen Republik

1969 — XIV und 438 Seiten — 30 Abbildungen — 35 Anlagen — Halbleinen M 95,—

Heft 13

P. PUFF

Über den Unteren Buntsandstein am Südrand des Thüringer Beckens

1969 — VIII und 97 Seiten — 25 Abbildungen — 13 Tabellen

Heft 14

Autorenkollektiv

Engineering-Geological Mapping in the Countries of the Council of Mutual Economic Aid

1968 — X und 148 Seiten — 28 Abbildungen — 6 Tabellen — 10 Anlagen — Halbleinen M 30,—

In Vorbereitung befinden sich

Heft 15

H. PFEIFFER

Stratigraphisches Korrelationsschema für das Dinant der Deutschen Demokratischen Republik

Heft 16

H. LANGE, C. SCHRÖTER

Bibliographie der geologischen Wissenschaften für die Deutsche Demokratische Republik, Veröffentlichungen des Jahres 1967

Heft 17

C. ADAM

Beiträge zur Kenntnis der Kaoline und Tertiärtone in Nordostsachsen

Bestellungen nimmt die Vertriebsstelle des Zentralen Geologischen Instituts, 104 Berlin, Invalidenstraße 44, entgegen.

Herausgeber: Zentrales Geologisches Institut im Auftrag des Staatssekretariats für Geologie beim Ministerrat der Deutschen Demokratischen Republik. Für die kollektive Chefredaktion: Dr. K. KAUTER (Redaktionssekretär), Berlin. Redaktion: 1054 Berlin, Zionskirchstraße 34 (Fernsprecher 42 60 01). Verlag: Akademie-Verlag GmbH, 108 Berlin, Leipziger Straße 3—4 (Fernsprecher 22 04 41, Telex 011 2020, Postscheckkonto: Berlin 350 21). Bestellnummer des Heftes 1047/16/3. Alleinige Anzeigenannahme DEWAG-WERBUNG, 102 Berlin, Rosenthaler Str. 28—31, und alle DEWAG-Betriebe in den Bezirksstädten der DDR. Die „Zeitschrift für angewandte Geologie“ erscheint monatlich, Exportpreis: M 6,— Sonderpreis für die DDR M 2,— je Heft. — Satz und Druck: VEB Druckhaus „Maxim Gorki“, 74 Altenburg. Veröffentlicht unter der Lizenznummer 1279 des Presseamtes beim Vorsitzenden des Ministerrates der Deutschen Demokratischen Republik, Kartengenehmigung Nr. 62/70

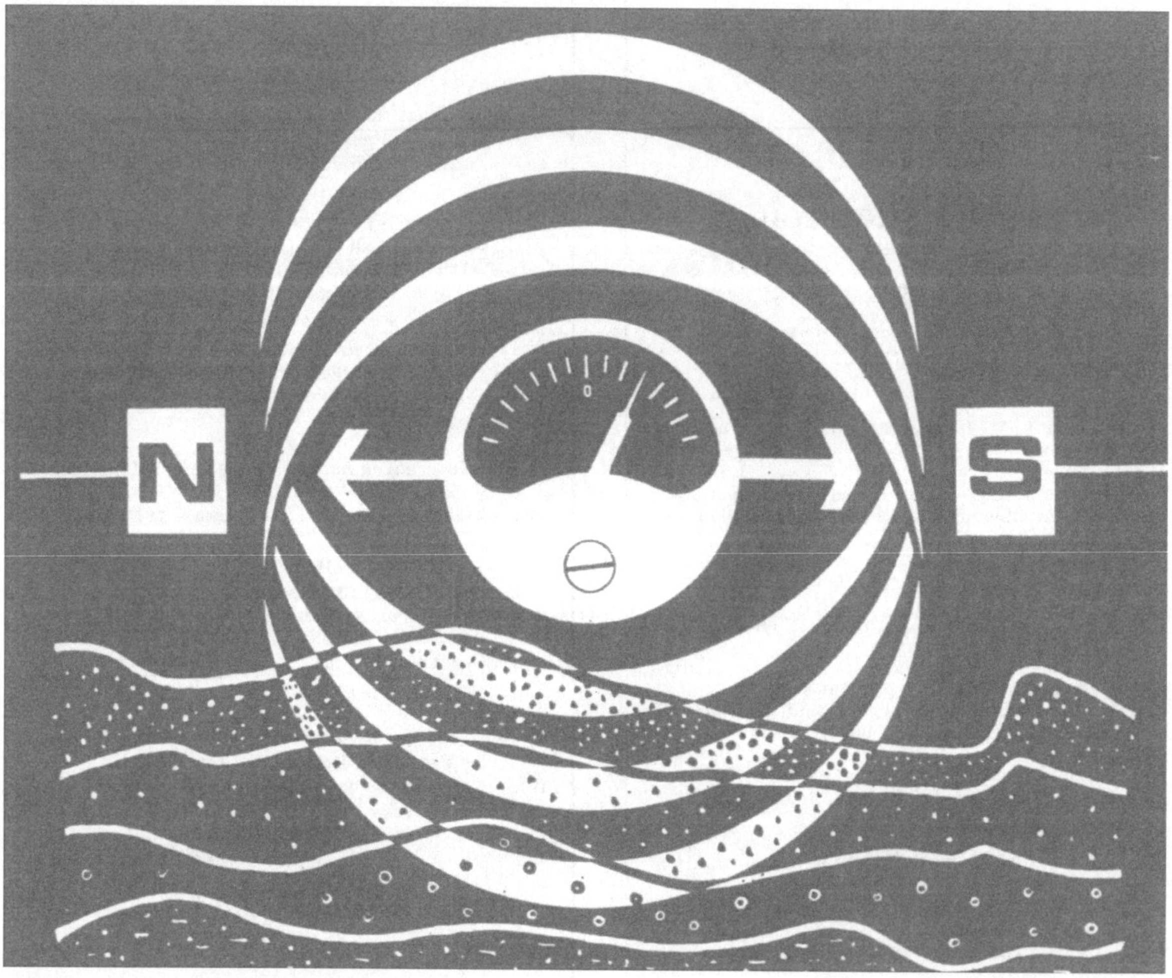

Scheinwiderstandsmesser

IKS-1
IKS-50
IKS-600

Wichtigste Daten:

Generatorenleistung – 1 bis 600 VA
Betriebsfrequenz – 22,5 Hz
Empfindlichkeit – 8 μV
(Vollausschlag des Mikrovoltmeters)
Die Apparatur ist tragbar und stabil im Betrieb.

Die Geräte sind für elektrische Widerstandsmessungen bei der geologischen Kartierung im Maßstab 1:25000 und größer geeignet.

Anwendungsbereiche: Suche und Erkundung von Erzlagerstätten (Eisen- und Nichteisenerze, Kupferkies- und Kupfer-Nickel-Lagerstätten, seltene Erden und Edelmetalle, Uranerze usw.) sowie Nichterz-Lagerstätten (Steinkohle, Graphit, Glimmer, Piezoquarz, Salze, Baustoffe);
hydrogeologische Erkundungsarbeiten, Bestimmung der Fließrichtung und -geschwindigkeit des Grundwassers;
ingenieurgeologische Arbeiten, Untersuchung von Verfrostung und Verkarstung, Bestimmung der Mächtigkeit von Lockergesteinen und Lokalisierung von Kluftzonen;
archäologische Arbeiten;
landwirtschaftliche Untersuchungen: Bestimmung des Salzgehaltes von Böden usw.

Anfragen erbeten an:

V/O Machinoexport

UdSSR, MOSKAU W-330 TELEX: 207